非传统发光材料

姜　楠　著

中国科学技术出版社

·北　京·

图书在版编目（CIP）数据

非传统发光材料 / 姜楠著 . -- 北京 : 中国科学技术出版社 , 2025. 7. -- ISBN 978-7-5236-1540-9

Ⅰ. TB34

中国国家版本馆 CIP 数据核字第 20250LZ780 号

策划编辑	王晓义
责任编辑	付晓鑫
封面设计	郑子玥
正文设计	中文天地
责任校对	邓雪梅
责任印制	徐　飞

出　　版	中国科学技术出版社
发　　行	中国科学技术出版社有限公司
地　　址	北京市海淀区中关村南大街 16 号
邮　　编	100081
发行电话	010-62173865
传　　真	010-62173081
网　　址	http://www.cspbooks.com.cn

开　　本	720mm × 1000mm　1/16
字　　数	169 千字
印　　张	10
版　　次	2025 年 7 月第 1 版
印　　次	2025 年 7 月第 1 次印刷
印　　刷	涿州市京南印刷厂
书　　号	ISBN 978-7-5236-1540-9
定　　价	79.00 元

前　言

光是人类对世界的第一感知。古人云："目之见，借于昭。"正是因为有光亮，人类才得以看到这个世界。

自 17 世纪 60 年代牛顿提出对光的颜色的认识，开启了科学探索的新时代，人类不断探索新的光致发光现象和相关应用。作为无机发光材料的低成本补充或替代品，有机光致发光材料因其独特的光物理性质，在光电器件、生物化学传感、光动力治疗和生物成像等领域的广泛应用备受关注。传统有机发光材料通常含有经典荧光发色团（如 π 共轭苯环、杂环），但存在聚集荧光猝灭（aggregation–caused quenching，ACQ）问题，极大限制了聚集态下的应用。

在传统的分子光物理理论中，价键共轭（through–bond conjugation，TBC）被证实是实现高效率可见光发射的必要条件之一，可解释多数有机分子的光物理行为。然而，一些非共轭大分子（如聚乙烯醇、多肽、聚氨酯等）及非共轭小分子（如马来酰亚胺和琥珀酰亚胺衍生物等）在紫外光照射下也可以发出明亮的可见光。这些非共轭分子的发光行为无法用传统的 TBC 理论去解释，这类现象被归为非传统发光，属于聚集诱导发光（aggregation–indutced emission，AIE）范畴的重要分支。非传统发光分子结构中通常仅含非传统的发色团（如具孤对电子的杂原子 N、O、S、P 等，或 C=C、C=O、C≡N、S=O 等不饱和键）。

对非传统发光现象的系统研究始于 20 多年前，这种发光现象展现出了区别于传统芳香族 π– 共轭发光体系的核心特征。第一，这种新型的光致发光不需要依赖 TBC 形成的长程离域电子激发，而是通过跨空间共轭作用（through–space conjugation，TSC）形成局部离域电子实现跃迁。第二，活性发光团并不是作为单一的、独立的分子实体，表现出传统的浓度依赖发射猝灭特征。相反，这些分子的发光会因集体性的分子关联而增强。出乎人们意料的是，在之后的一段时间里，许多常见的有机材料中都陆续观察到这种新颖的“光致发光效应”。唐本忠院士和袁望章教授等人分别提出了“clusteroluminescence（CL）”和“clusterization–triggered emission（CTE）”机制，即簇致发光和团簇触发发射机制。这两种机制的关键都是通过非传统发色团的电子云重叠或共享，在分子内或分子间发生 TSC，从而形成扩展的 n–n、n–π 和 π–π 相互作用，降低能级以促进电子跃迁和光发射。这类基于聚集、空间相互作用驱动发光的机制，本质是 AIE 原理在非长程共轭体系的延伸。

首先，本书对传统的发光模式进行了历史概述，为后续深入讨论具有新型非传统发光的各个体系奠定理论基础。其次，书中分两个部分对非传统发光材料的研究进展进行介绍。第一部分为第 2 章到第 6 章，从聚硅氧烷、聚氨酯、生物分子（以生物基聚合物、蛋白质、多肽为主）、非共轭聚合物点和非传统发光小分子五个典型体系对几大类有 NTIL 现象的非传统发光材料发展进行介绍。第二部分为第 7 章，聚焦 2020—2024 年间非传统发光材料的研究进展。最后，本书对非传统发光材料的未来发展方向进行了总结与展望。非传统发光材料由于其独特的发光行为和新颖的发光机制，在光电、生物医学等领域展现出不可替代的应用前景，因而在国内外引起了广泛关注。与小分子相比，大分子的软段结构和更丰富的构象变化使它们在获得新颖光物理性质方面具有更大潜力，从而有望推动非传统发光材料的实际应用和商业化进程。因而本书的叙述重点放在了具有非传统发光的大分子体系上。

本书的撰写要感谢吉林师范大学两位硕士研究生李可欣和朱昌怡的参与整理。另外，感谢东北师范大学朱东霞教授和英国杜伦大学 Martin R. Bryce 教授，感谢两位老师在笔者对该领域的研究过程中数年如一日的指导与帮助。本书由吉林师范大学学术著作出版基金资助。

本书集成了国内外关于非传统发光材料的研究进展，并融入了笔者在该领域的研究成果，是一部对科学发展和培养科技人才有重要作用的系统性著作。本书适合于功能光电材料、有机发光材料领域的研究人员、高校教师以及相关专业的学生。同时，也适合于从事或对新型发光材料感兴趣的所有读者。

近年来国内众多学者在非传统发光材料领域取得了显著成就，推动了该领域的飞速发展。由于研究内容丰富且进展迅速，笔者难免无法兼顾每个细节之处，书中疏漏难免，还望读者不吝赐教，以利校正。

姜　楠

2024 年 6 月

目　录

CONTENTS

第 1 章 绪论

1.1 光致发光材料

发光现象历史可追溯到很久以前。早在 1565 年，西班牙医生、植物学家尼古拉斯·莫纳德斯（Nicolás Monardes）就记录了光致发光现象。他观察到肾木（lignum nephriticum）的水溶液暴露在光照下时具有特殊的蓝色发光特性。这种独特的发光木材提取物被用作治疗肾脏疾病的药物，后被证实富含高荧光的葡萄糖基羟基查尔酮（glucosyl-hydroxichalcones）。

经过历史上无数次的探索，科学家们总结出了一个统一的传统发光模式准则，即光致发光的发生需遵循 3 个必要条件：①动态事件；②特定组分（即荧光团）；③产生光致发光所需的特定条件。

在这个过程中，特定组分吸收高能量辐射，导致电子被激发，从基态跃迁到激发态，随后电子弛豫回到基态，并伴随着较低能量辐射的发射（此过程在去除较高能量入射辐射后停止）。一般来讲，人们认为适合于产生发光的特定成分 / 组分在很大程度上局限在芳香族 π 共轭单元这一类别，这些单元被称为传统发色团。图 1–1 中列举了各类传统发色团，这些传统的发色团通常被认为是作为独立的、单一的分子组分来表现出发光特性的，并且它们的发射强度依赖于浓度，通常在高浓度或聚集时发光猝灭。

从发光寿命长短的角度分类，发光包括快速的荧光过程（即激发 / 弛豫寿命小于 10^{-8} s）和较慢的磷光过程（即寿命大于 10^{-8} s）。据此，光致发光材料可以分为荧光材料和磷光材料。发光机理如图 1–2 所示，荧光分子在受到激发

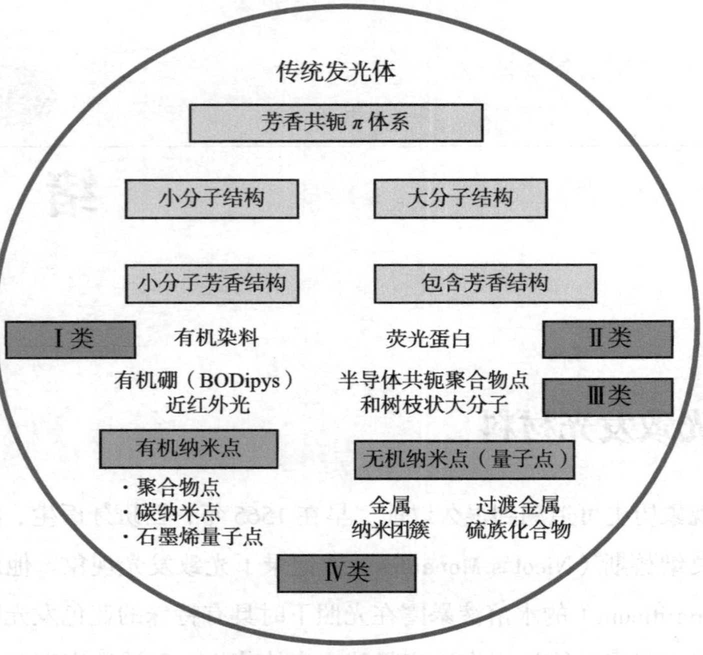

图 1-1　各类传统发色团

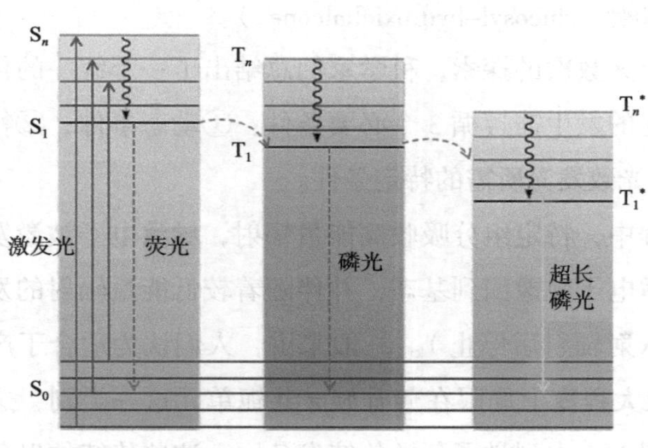

图 1-2　荧光和磷光过程的机理示意图

后，电子会从基态（S_0）跃迁到激发单重态（S_1，…，S_n），而处于不稳定状态的激发单重态激子经过内转换（IC）和振动弛豫后到达激发单重态的最低振动能级（S_1）。随后，从 S_1 态返回到 S_0 态的辐射跃迁过程便是以荧光发射的形式表现出来的，发光寿命为 10^{-9} ~ 10^{-6} s。但是，如果单重态激子在一定条件下通过系间跨越（ISC）方式转换为三重态激子（T_1，…，T_n），再从三重态的最低振动能级（T_1）回到基态（S_0），这样的跃迁过程则称为磷光，此时发光寿命大约在 10^{-6} ~ 10^{-3} s。如果三重态激子可以稳定到一个能量更低的稳定激发态（T_1*，…，T_n*），这时便可以实现超长寿命的磷光发射。

1.2 传统光致发光材料

在过去的几十年里，光致发光材料经历了实验上和理论上的持续发展，并在光电器件、化学/生物探针、太阳能电池、环境传感器等领域得到了广泛的应用。虽然人们在自然界的各种矿物、植物、昆虫和动物中都陆续观察到了发光现象，但传统发光科学的正式起源和成长要追溯到19世纪中期。在这段时间里，物理学家和化学家合作确立了早期的现象学基本准则，并定义了传统发光所需的分子、结构和组成标准。早在1852年，英国数学家和物理学家乔治·加布里埃尔·斯托克斯（George G. Stokes）就创造了“荧光”这个词。这个术语来源于萤石。这个简单的术语指的是某些材料“在紫外线激发下”所产生的发光现象，用来描述以下过程：材料吸收一个波长的辐射，并立即发出不同波长的新辐射（即发射）。当入射辐射被去除时，这种再发射的辐射便也会随之停止。

同期，其他科学家也陆续观察到这种独特的发光现象。例如，1833年布儒斯特（Brewster）观察到了叶绿素的荧光，1845年赫歇尔（Herschel）观察到硫酸奎宁的荧光。几乎与此同时，在英国和德国媒体报道的一些人工合成的芳香族发光分子进一步加速了人们对发光现象的了解。例如，1856年英国合成化学家珀金（Sir William Henry Perkin）发现了第一个基于荧光苯胺的染料结构。此后，1880年利伯曼（Liebermann）发现了多环芳烃的荧光，而1871年，拜耳（Von Baeyer）发现了荧光素。1897年，迈耶（Meyer）创造了“荧光团（fluorophore）”这个术语，用来表示与发光相关的传统化学基团、组分或结构。这个词与早期维特（Witt）在1876年引入的术语“发色团（chromophore）”类似。根据《柯林斯英语词典》，“荧光（fluorescence）”一词被列入英语中常用的30000个单词之一。自1852年斯托克斯提出“荧光”这一术语及相关原理后，这些词汇开始频繁出现在科学活动的舞台上。这其中包括了众多对新发光机制的深入探究和重要发现，以及相关的实际应用。图1–3记录了过去150年来各个时间节点的重要进展事件。

这些无法解释的非传统蓝色发射最初是由哈尔珀恩（Halpern）等人在刚性脂肪族胺中首次报道的。20世纪70年代，该研究领域曾短暂活跃，但之后一段时间并没有受到足够的重视。经过国内外学者持续不断的协同努力，直到21世纪初，非传统发光材料领域的研究才逐渐恢复。

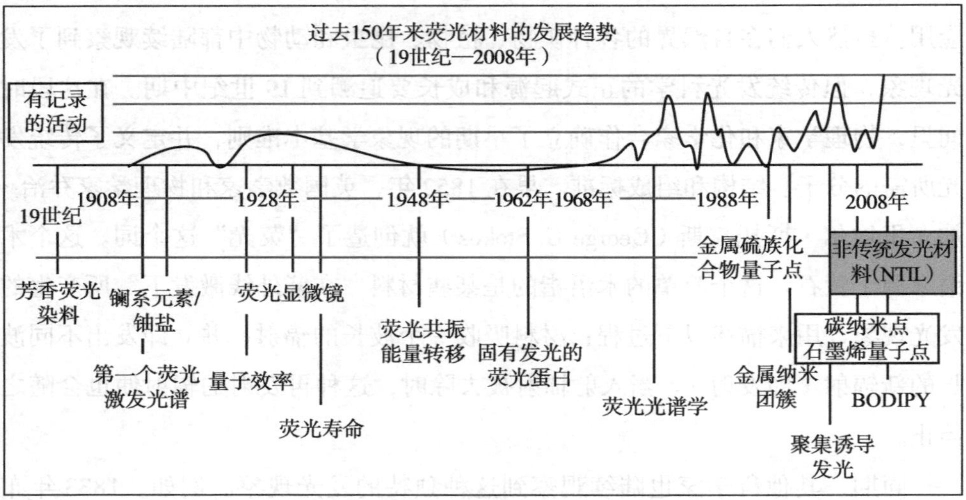

图1–3　从19世纪中期到大约2008年，按时间顺序记录的关于NTIL现象的研究里程碑

1.2.1　传统发光动力学

简单地说，传统的发光模式准则描述了某些材料（通常是芳香族π共轭体系）中离域电子的动力学过程，如图1–4（a）所示。当这些电子受到高能电磁辐射（如紫外线或X射线）激发时，它们会从基态（S_0）跃迁到激发态（$S_1,\cdots,S_n$）。在终止辐射照射后，电子会立即发生弛豫回到基态，并伴随着较低能量辐射的释放。这种较低能量辐射的释放被称为荧光发射。

一般来说，这些动态激发/弛豫事件的寿命小于10^{-8} s。因此，荧光材料在入射辐射终止后立即停止发射，而磷光材料则表现出更长的寿命，可在入射辐射停止后继续发光一段时间。图 1-4（b）中的雅布隆斯基图（Jablonski diagram）说明了这一过程。荧光寿命是荧光团的固有特征，可以在吸收适当的光子或能量后进行测量。在许多情况下，荧光寿命测量被用作理解复杂光化学过程的一个强大工具，并作为表征生物系统和生物成像的普遍手段。

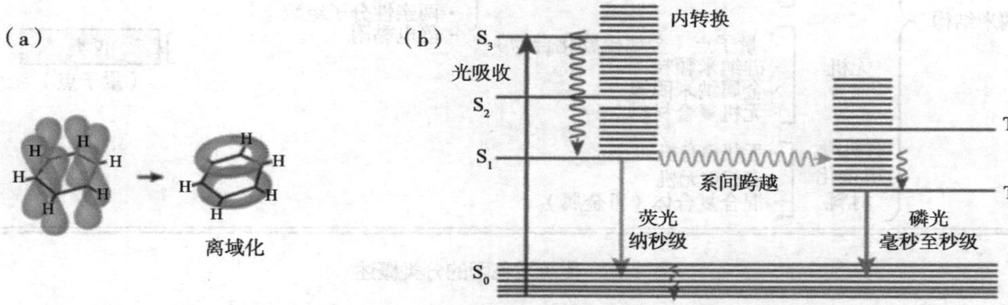

（a）具有离域电子的芳香 π 共轭体系；（b）传统有机荧光团的经典雅布隆斯基图和光物理过程

图 1-4　离域电子的动力学过程和雅布隆斯基图

1.2.2　传统发色团

在上述标准下，有机和无机材料中出现了许多候选材料。图 1-5 中列举了 4 种主要的传统发色团类别。它们分别为小分子有机芳香族多烯（第Ⅰ类）、本征发光荧光蛋白（第Ⅱ类）、合成的共轭聚合物纳米颗粒（第Ⅲ类）以及无机金属硫化物（第Ⅳ类）。

1.2.2.1　第Ⅰ类　传统荧光芳香族多烯

大多数传统的有机荧光单元都是小的芳香族 π 共轭有机结构（第Ⅰ类）。它们具有较低的相对分子质量（20 ~ 100 个原子；200 ~ 1000 Da），通常被称为荧光染料，并且涉及如图 1-4（a）所示的相关离域电子的激发和弛豫过程。

1.2.2.2　第Ⅱ类　固有发光的荧光蛋白质

第二种传统荧光类别是由下村修（Shimomura）等人在 1962 年发现的从水母中分离出来的绿色荧光蛋白。这类蛋白质被称为"固有发光的荧光蛋白质（IFP）"。因对绿色荧光蛋白的发现与研究贡献，相关研究者在 2008 年被授予

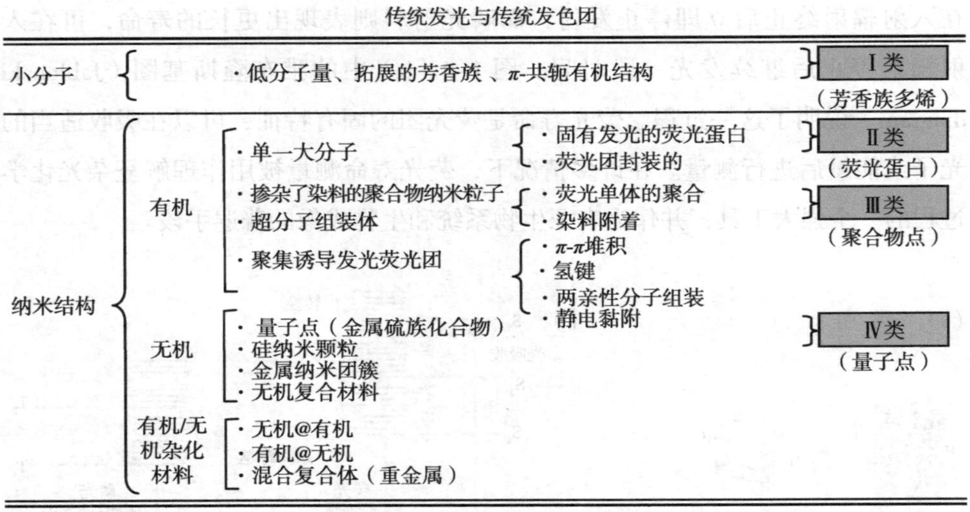

图 1-5 传统发色团的分类概述

诺贝尔化学奖。IFP 具有良好的毒性和生物相容性特征，但如果这些蛋白质发生变性，它们将失去荧光发射特性。

1.2.2.3 第Ⅲ类 聚合物基的纳米点

纳米级的传统发色团也是近些年的研究热点，如图 1–6 所示，通过聚合将传统的荧光单体 / 构建块键入聚合物；或将传统发光团封装到预制的纳米平台；或将发光团偶联到纳米颗粒表面等策略都可以制备聚合物点。

1.2.2.4 第Ⅳ类 金属硫化物量子点

在过去的 20 年里，无机半导体发光量子点（quantum dots，QDs）引起了科学家们的广泛关注。无机量子点包含核壳结构，其中核由第Ⅱ族和第Ⅳ族元素组成的化合物构成，壳层则由金属硫化物组成（如锌、镉硫化物、硒化物等）。与所有半导体一样，这些材料的价带（VB）与导带（CB）之间存在着能级间隙。在光子的激发下，它们以激子的形式保留能量因而表现出量子约束效应。

与早期的传统有机荧光团不同，量子点的发光并不遵循传统的分子轨道理论。由于量子约束特性的存在，其价带与导带之前存在能级间隙，在光子激发下，电子从价带跃迁到导带，产生电子 – 空穴对（激子），激子复合时以荧光发射的形式释放能量，从而表现出独特的发光特性。如图 1–7（a）所示，人们可

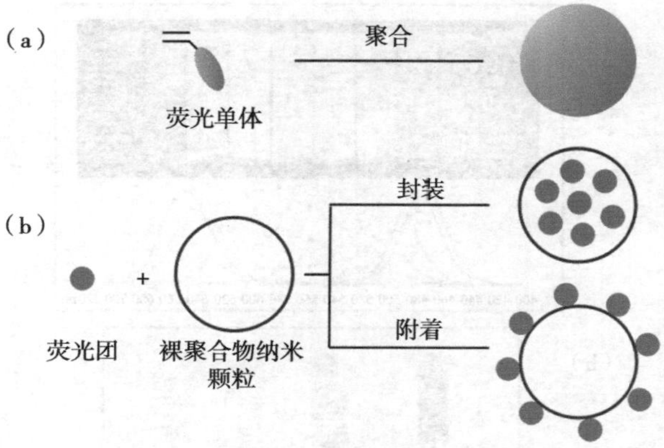

（a）使用传统的荧光单体 / 构建块来构建聚合物；（b）封装或用所需的荧光团掺杂聚合物纳米颗粒（NP），并用共价共轭化学方法将荧光团附着在 NP 表面

图 1-6 利用传统的发光团制备发光聚合物纳米点的策略

以很容易地根据量子点的大小、形状和组成成分对它们的发光特征（发射强度、波长等）进行定制。与传统有机荧光团中某些能量诱导的电子激发类似，以适当能量的辐射激发半导体量子点可以促使 VB 中的电子跃迁到 CB 能级。这种激发在 VB 能级上产生一个电子空穴（h^+），从而产生电子 – 空穴对（e^-–h^+）激子。激子的重组（即电子弛豫到基态 VB 能级）产生荧光发射。这些荧光发射能量 / 波长可以通过控制量子点的大小、形状和组成来设计。辐射吸收和荧光发射都可以由量子点的大小来控制。如图 1-7（b）所示，较大的量子点产生较低能量 / 长波长的红光发射；而较小的量子点产生更高能量 / 短波长的蓝光发射。传统的有机芳香族荧光染料和无机量子点都具有较高的量子产率（QY）和亮度。然而，量子点也有一些缺点，例如量子点的固有重金属毒性和闪烁特性，并且它们面临着与传统的有机荧光染料同样的浓度依赖猝灭和光漂白导致的发射强度损失等难题。

尽管这 4 类传统荧光染料在很长一段时间内都被广泛使用，但它们一直面临几个众所周知的缺陷。例如：①在高浓度或聚集时表现出发光猝灭特性；②长时间暴露在紫外线下容易发生光漂白；③表现出小的斯托克斯位移；④大多数在近红外区域（NIR）不具备发射能力。

直到非传统发光材料的出现，以上难题逐渐被攻破。

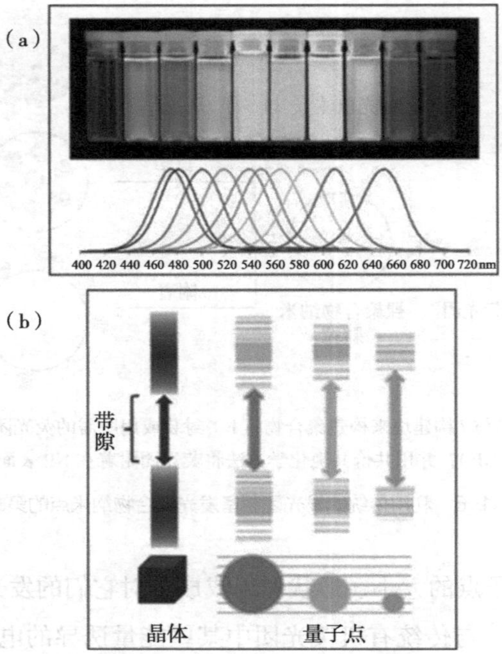

(a)在紫外辐射下不同纳米尺寸的量子点胶体悬浮液的相关发射光谱;(b)尺寸不同时晶体和各种量子点的不同价带、带隙和导带的对照图

图 1-7　量子点的光致发光特点

1.3　非传统发光现象的发现

发光是一种被广泛观察到的现象，存在于整个自然界的生物和非生物领域。例如，当用紫外线或 X 射线照射时，许多矿物和宝石（如方解石、红宝石、绿宝石和钻石）会表现出发光现象。此外，生物发光也是一种普遍现象，已被整合到许多重要生物的进化系谱中，包括藻类、蠕虫、昆虫、鱼类等其他植物和动物。生物发光被认为在生物信号、通信、诱捕或保护（即交配、诱饵、伪装、保护紫外线和抗氧化特性）等方面起着重要的功能作用。如图 1-8（a）所示，在鱼类的水生世界中发现了许多生动的生物发光的例子。在这些被充分研究的生物中，有例如图 1-8（b）所示的维多利亚水母。这种水母栖息在北美洲西海岸附近的水域，并在 1962 年被鉴定为绿色荧光蛋白（GFP）的独特载体。被分

离出来的 GFP 基因在许多关键的生物标记 / 基因研究中都具有重要的科学意义。因研究和发现 GFP 作为发光的遗传标签作用，马丁·查尔菲（Martin Chalfie）与下村修（Osamu Shimomura）、钱永健（Roger Tsien）共同获得了 2008 年的诺贝尔化学奖。

（a）
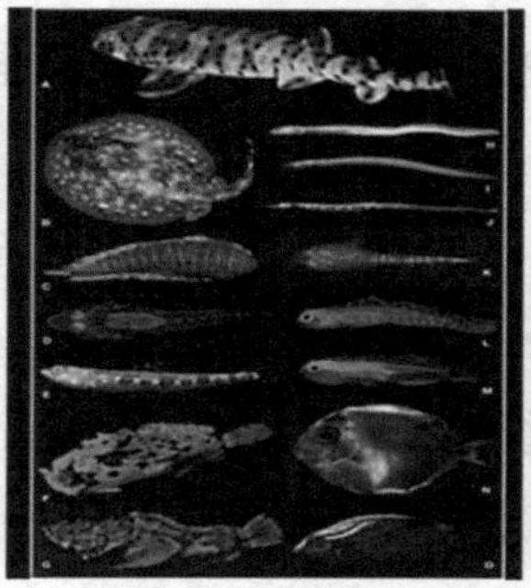
（b）
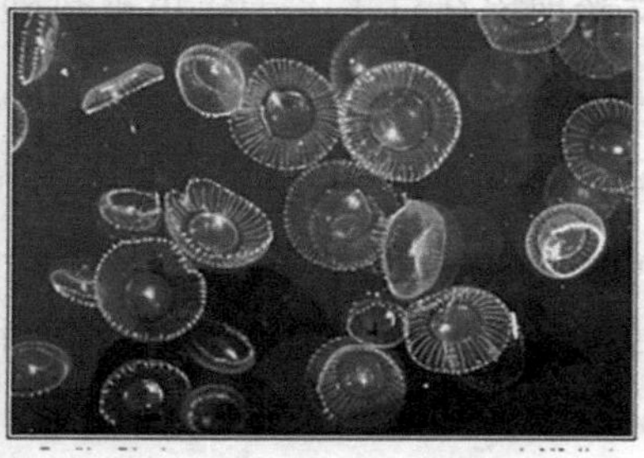

（a）各种荧光鱼的照片；（b）荧光水母家族的照片（维多利亚水螅虫）

图 1-8 早期生物发光的例子

值得注意的是，后来人们在部分脂肪族多肽序列中也发现了这种特殊的蓝色发光。更重要的是，随着非芳香族聚肽序列自组装成各种聚集体，发射强度显著增加。这些观察结果是非常重要的，因为这些物质和阿尔茨海默病、其他神经退行性疾病相关的淀粉样纤维的生长密切相关。这些关于生物领域中内在发光的令人无法解释的例子，以及许多关于非生物体系的文献，现在已经开始构成一个新的概念和发光准则，通常被称为非传统本征发光（NTIL）。NTIL 的概念包括非传统的固有荧光（NTIF）和非传统的固有磷光（NTIP）。

如上所述，大多数主要的传统发光材料都需要特定的原子或分子结构，具有适合于参与几个关键机制事件的可离域电子来产生发光：①光子吸收；②能量诱导的轨道电子激发；③带能量损失的电子弛豫来产生发光。因此，合适的结构必须具有足够的光子吸收特性，以吸收和激发基态（S_0）的离域电子到激发态（S_1），然后通过弛豫返回基态（S_0），并伴有较低能量的发光、发射。一般来说，这些结构标准存在于刚性、共轭聚芳烃、扩展的 π 体系或含有未占据 p 轨道的高杂原子数的不饱和杂环体系的广泛类别中。这些传统的发光团通常作为单独的、孤立的分子单元起作用，并通常表现出浓度依赖的自猝灭效应。

然而，早在 20 世纪 70 年代，就出现许多文章报道了在缺乏传统 π 共轭芳香族发色团的情况下，观察到无法用传统理论解释的蓝色荧光现象。与传统的发色团相比，这些特殊的发光单元在面对浓度增加时，表现出增强的发射，而不是猝灭的发射。甚至在许多情况下，这些发射在固体状态下也会增强。这一特殊的发光现象在过去二十年里被热烈谈论，相关的术语包括：非传统发光 / 荧光（non-conventional luminescence/fluorescence）；本征非传统荧光（intrinsic unconventional fluorescence）；非传统发光体（unorthodox luminogens/non-conventional luminogens）；非传统本征荧光（non-traditional intrinsic fluorescence）等。在这本书中，笔者选择使用术语和简称非传统本征发光（non-traditional intrinsic luminescence，NTIL）来描述这些令人出乎意料的发光现象。

1.4 非传统发光与聚集诱导发光

许多传统的有机荧光染料在实际使用中都面临着一个严重的阻碍，就是聚集诱导猝灭（ACQ）特性。由于传统共轭发色团特有的平面芳香族 π 结构的性质，它们通常表现出高倾向性的 π-π 堆积聚集。荧光团间距离的减少，通常会发生非常快速的激发能转移（excitation energy transfer，EET），导致发射强度的急剧降低和猝灭。几乎与 NTIL 出现的同时，2001 年，唐本忠院士提出了一个被称为聚集诱导发光（AIE）的革命性概念。AIE 与 NTIL 的关系是极其密切的，因为在对 NTIL 现象的研究和机制理解过程中，很多情况下都可以把 AIE 概念应用其中。它们之间的联系将在整本书中贯穿体现。

最初，AIE 概念代表了发光模式从传统思维向新兴思维的开创性转变。研究结果表明，传统的 π 共轭体系可以通过引入庞大的取代基 / 侧基（如类似螺旋桨基）来重新配置，以防止 π-π 堆积和 J- 聚集。在此策略下，许多传统的荧光染料都可以规避 π-π 堆积，进而趋向扭曲的 H- 聚集，最终获得浓溶液或固态下的强发射。此外，AIE 概念指出：任何限制染料分子内运动（RIM）的化学或物理手段（如内部振动、旋转 / 弯曲运动）都将促使传统染料在聚集态或固态时获得出乎意料的高强度发射。换句话讲，高荧光发射是可能从“高度聚集的多荧光组件”中产生的。

AIE 的概念深刻地颠覆了传统的光致发光准则（即需要单一、独立、高度分离的荧光团才能产生高发射特性）。如图 1-9 所示，历史上 AIE 和 NTIL 的现象 / 概念在 21 世纪初同时出现。但是直到 2010 年前后，这两个新兴领域之间才有了密切的联系和交流。其中的一个重要原因在于 AIE 概念主要集中在传统的芳香族 π 共轭体系中，而对 NTIL 现象的研究则主要针对那些结构中缺乏传统芳香族荧光团组分的材料中观察到的无法用传统理论解释的发光、发射。这种发光模式是需要用一种新的思维模式去理解的。

产生 NTIL 现象的杂原子发色团（HASL）并不基于单一的、独立的发射分子结构的发射特性，而是作为一种重要的新型活性发射物种，以前所未有的“集合的 HASL 组件”形式发挥作用。

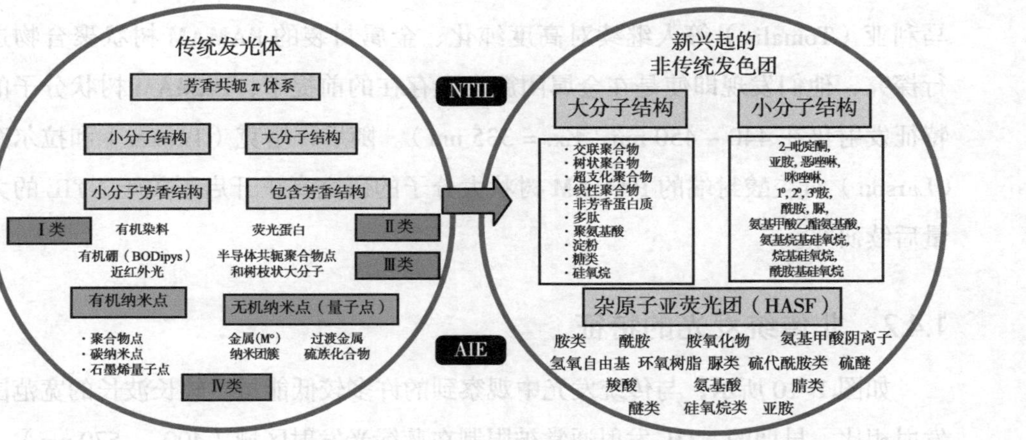

图 1-9 传统发光团与非传统 HASF 发光团的比较概述

1.4.1 非传统发光的起源

20 世纪 70 年代，人们在简单的脂肪族胺中观察到了独特的蓝色发光。在没有传统发光团的情况下，这些无法用传统理论解释的 NTIL 现象和新兴的本征发光发射物质曾一度让科学家们感到困惑。然而，在随后的一段时间里，关于此类现象的研究逐渐减少。直到 2001 年，人们在更复杂的大分子结构，如聚酰胺（PAMAM）树状大分子和其他合成聚合物中，再次观察到了类似的蓝色发射。

最初，这种新现象是在刚性脂肪族胺和 PAMAM 树状大分子中观察到的，现在已被广泛记录在脂肪族聚肽、聚氨基酸和蛋白质等生物聚合物中，以及合成大分子如树状大分子、传统的线性 / 支链 / 交联大分子、超分子组装体、聚硅氧烷、非共轭聚合物点、蔗糖、淀粉还有包括 α- 氨基酸和 4- 碳烷氧基吡咯烷酮等在内的小分子中。

20 世纪 90 年代，图罗（Turro）、托马利亚（Tomalia）、奥塔维亚尼（Ottaviani）、约库施（Jockusch）等人对 PAMAM 树状大分子的光物理性质进行了大量的研究。在这些研究中，几乎总是能观察到一种无法用传统理论解释的蓝色发光。在没有任何芳香族单元的 PAMAM 中，最初这些观察结果被认为是由于某些传统荧光团杂质。巴洛格（Balogh）、古德森（Goodson）、托马利亚（Tomalia）等人继续对高度纯化、金属封装的 PAMAM 树状聚合物进行探究，他们发现即使是在金属团簇发光存在的前提下，PAMAM 树状分子的特征发射仍在 440 ~ 450 nm（Ex. = 335 nm）。随后，塔克（Tucker）和拉尔森（Larson）对羧酸封端的 PAMAM 树状大分子的研究真正开启了关于 NTIL 的大量后续研究。

1.4.2 非传统发光的特征

如图 1–10 所示，与传统发光中观察到的许多较低能量、较长波长的宽范围发射相比，早期的 NTIL 发射通常被限制在蓝绿光发射区域（400 ~ 570 nm）。

与传统的共轭发色团带来的发光相比，NTIL 现象具有以下特征。

（1）NTIL 现象通常含有富电子杂原子单元，又称为杂原子发色团（HASL）。例如：氮（N）、硅（Si）、氧（O）、硫（S）、磷（P），也包括杂原子官能化基团，如：–C=C、–C≡N、C（O）NH、$-NH_2$、–NRH、NR_2、–NHOH、N → O。

（2）HASL 聚集可增强 NTIL 的发射。影响结构聚集的关键参数可以增强 NTIL 的发射。这些参数包括低 pH 值、稳定氢键的合适溶剂（具有适当的极性 –

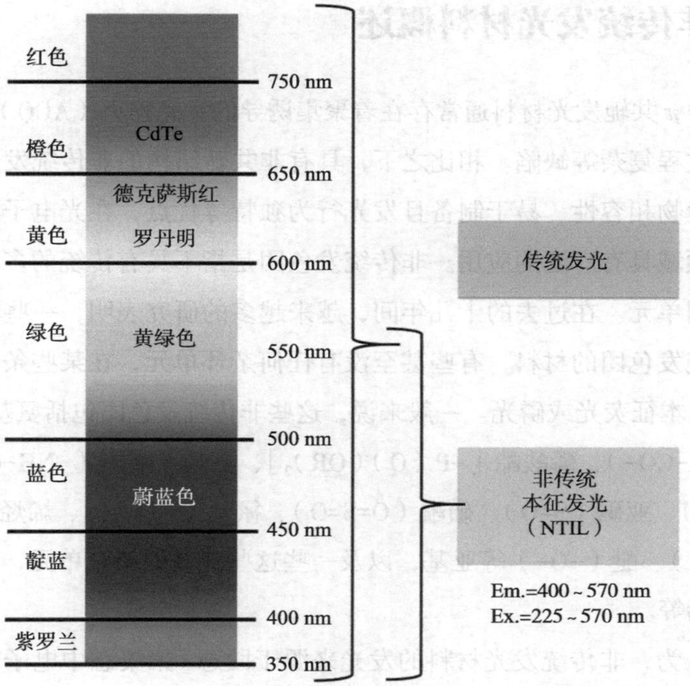

图 1-10 传统发光团与非传统本征发光的光谱范围对比

非极性特性和黏度）、偶极 – 偶极相互作用、电荷中和配合物、胶束或液晶的形成。

（3）分子结构的固化可增强 NTIL 的发射。促使结构固化的方法有：共价交联、电荷中和交联、氢键、超分子组装、聚合 / 聚集、团簇或结晶。

（4）通过溶剂稀释或其他导致 HASL 团簇化、聚集或结晶状态减少的方法，通常可以将 NTIL 发射与传统发光团的发射区分开。如果所研究的发光材料显示出 NTIL 发射，那么减少这些 HASL 限制 / 固定状态将会导致发射强度降低。相比之下，将这些方法应用于传统的发光材料，将有望通过减少浓度依赖的自猝灭来增强发射强度。

1.5 非传统发光材料概述

传统的 π 共轭发光材料通常存在着聚集诱导的发光猝灭（ACQ）、高细胞毒性和合成过程复杂等缺陷。相比之下，具有非共轭结构的非传统发光材料则拥有优异的生物相容性、易于制备且发光行为独特等优点，在光电子学、生物学和医学等领域具有广泛的应用。非传统发色团是指不具有传统的多环 π 共轭结构的发色团单元。在过去的十几年间，越来越多的研究表明，一些在结构中没有任何传统发色团的材料，有些甚至没有任何杂环单元，在某些条件下也可以被诱导产生本征荧光或磷光。一般来说，这些非传统发色团包括氨基（-NH-）、酰基（-NH-CO-）、磷酸酯［-P（O）（OR）$_2$］、氨基甲酸酯（-NH-COO-）、硫化物（-S-）、亚砜（S=O）、磺酰（O=S=O）、氰基（-C≡N）、烯烃（-C=C-）、羟基（-OH）、醚（-O-）等亚基，以及一些这些亚基的结合单元，如酸酐、亚胺、磺酸酯等。

目前认为，非传统发光材料的发光来源于固态/聚集态中电子轨道的跨空间重叠和共轭。然而，由于实验事实不断超出人们的预期，甚至推翻了一些以往的假设，关于非传统发光材料的具体发光机制目前仍存在争议。分子设计还缺乏明确的指导方针，还需要更多的实验案例来进一步探讨其真正的发射来源。因此，开发基于非传统发色团的新型发光材料，并进一步探索这些材料的发射机制是一个很有意义的课题。

早期，非传统发光发色团的研究主要集中在荧光方面，对磷光发射的关注较少。纯有机室温磷光（RTP）材料由于在生物成像、分子传感、防伪和加密数据存储等领域具有广阔的应用前景而引起了人们的广泛关注。然而，由于系间跨越（intersystem crossing，ISC）的自旋抑制性质以及三重态激子对分子运动、水、氧等的敏感性，纯有机发色团在溶液中的 RTP 一般很难实现。并且，固态样品也面临着同样的问题，如果样品是吸湿的或者不能有效地阻挡氧气，或分子构象不够刚性，便不能观察到明显的 RTP。

事实上，非传统发光色团更容易产生三重态激子。值得一提的是，在一些非传统发光材料中，观察到了低温磷光或室温磷光（RTP），甚至超长寿命的

RTP。

三重态激子的产生、稳定及其调控对磷光的研究具有重要意义。几个因素对三重态激子态的产生和稳定有重要影响。首先，如果存在大量的双/三键/杂原子，它们便可以有效地增强自旋轨道耦合（SOC），从而促进ISC过程，增加三重态激子的数量。其次，非传统发色团的团簇聚集体可以有效地分离能级，减小单重态与三重态之间的能隙，促进ISC过程。再次，氢键可以稳定三重态激子，增强磷光发射。最后，强的分子内、分子间相互作用将形成一个三维的超分子网络，从而有效地提高团簇发色团的刚性。当构象足够刚性时，三重态激子便会稳定下来，从而带来超长寿命的RTP发射。

上述增加三重态激子数量或稳定三重态激子以获得持久磷光的策略，恰好与非传统发色团的分子设计原则是相符的。尤其是通过引入多氢键网络或创建电子耦合相互作用来合成非传统发光材料。氢键可以捕获被激发的电子并抑制它们的非辐射跃迁，从而稳定三重态激子，最终实现磷光发射。另外，没有芳香结构和长链取代基的发色团更倾向于形成螺旋状态，由此产生的交织结构可以有效地隔离环境中的氧气和湿度，从而产生高效的纯有机RTP。总之，非传统发光色团是实现有效RTP的理想平台。

非传统发色团没有经典的共轭和刚性单元，由于其独特的基本性质和广阔的应用前景而成为当今发光材料研究的热点。尽管近年来这一令人兴奋的领域受到越来越多的关注，但这些材料的结构设计和光致发光机制仍然不明确且存在争议。近年来，人们陆续提出了不同的发光机制，如氧化、羰基单元聚集、与苯基的相互作用、发色团聚类和跨空间共轭等。在这些新兴的发色团中，低聚物/聚合物因其亲水性好、结构多样性大、合成成本低且容易、链柔性高（易于功能化或形成超分子组装）和生物相容性好等优点而引起了人们的广泛关注。

参考文献

[1] UREÑA A A, AMAT-GUERRI F, MORCILLO P, et al. Structure and formation of the fluorescent compound of lignum nephriticum [J]. Organic Letters, 2009, 11 (13):

3020–3023.

[2] YANG J, ZHEN X, WANG B, et al. The influence of the molecular packing on the room temperature phosphorescence of purely organic luminogens[J]. Nature Communications, 2018, 9: 840.

[3] JIANG N, LI G F, ZHANG B H, et al. Aggregation–induced long–lived phosphorescence in nonconjugated polyurethane derivatives at 77 K [J]. Macromolecules, 2018, 51 (11): 4178–4184.

[4] RODRIGUES J, PEREIRA S O, ZANONI J, et al. ZnO transducers for photoluminescence–based biosensors: a review [J]. Chemosensors, 2022, 10 (2): 39.

[5] XING C M, LAM J W Y, QIN A, et al. Unique photoluminescence from nonconjugated alternating copolymer poly [(maleic anhydride)–alt–(vinyl acetate)] [J]. Polymer Materials Science & Engineering, 2007, 96: 418–419.

[6] BREWSTER D. On the colours of natural bodies [J]. Transactions of the Royal Society of Edinburgh, 1832, 12 (1): 538–545.

[7] BREWSTER D. XIII–On the decomposition and dispersion of light within solid and fluid bodies[J]. Transactions of the Royal Society of Edinburgh, 1846, 16: 111–121.

[8] HERSCHEL J. On a case of superficial colour presented by a homogenous liquid internally colourless [J]. Philosophical Transactions of the Royal Society of London, 1845, 135: 143–145.

[9] CHEN M K, YIN M. Design and development of fluorescent nanostructures for bioimaging [J]. Progress in Polymer Science, 2014, 39 (2): 365–395.

[10] SHIMOMURA O, JOHNSON F H, SAIGA Y. Extraction, purification and properties of aequorin, a bioluminescent protein from the luminous hydromedusan Aequorea [J]. Journal of Cellular and Comparative Physiology, 1962, 59 (3): 223–239.

[11] SHANER N C, STEINBACH P A, TSIEN R Y. A guide to choosing fluorescent proteins [J]. Nature Methods, 2005, 2 (12): 905–909.

[12] GIEPMANS B N G, ADAMS S R, ELLISMAN M H, et al. The fluorescent toolbox for assessing protein location and function [J]. Science, 2006, 312 (5771): 217–224.

[13] SVENDSEN A, KIEFER H V, PEDERSEN H B, et al. Origin of the intrinsic fluorescence of the green fluorescent protein [J]. Journal of the American Chemical Society, 2017, 139 (25): 8766–8771.

[14] CHEN J, ZHANG P, FANG G, et al. Synthesis and characterization of novel reversible photoswitchable fluorescent polymeric nanoparticles via one–step miniemulsion polymerization

[J]. The Journal of Physical Chemistry B, 2011, 115 (13): 3354–3362.
[15] CHEN Y, WILBON P A, ZHOU M, et al. Multifunctional self–fluorescent polymer nanogels for label–free imaging and drug delivery [J]. Chemical Communications, 2013, 49 (3): 297–299.
[16] ZHU L, WU W, ZHU M Q, et al. Reversibly photoswitchable dual–color fluorescent nanoparticles as tools for live–cell imaging [J]. Journal of the American Chemical Society, 2007, 129 (12): 3524–3526.
[17] FERNANDO L P, KANDEL P K, YU J, et al. Mechanism of cellular uptake of highly fluorescent conjugated polymer nanoparticles [J]. Biomacromolecules, 2010, 11 (10): 2675–2682.
[18] MARTIN V, BAÑUELOS J, ENCISO E, et al. Photophysical and lasing properties of Rhodamine 6G confined in polymeric nanoparticles [J]. The Journal of Physical Chemistry C, 2011, 115 (10): 3926–3933.
[19] HERMANSON G T. Bioconjugate Techniques [M]. 2nd ed. San Diego: Academic Press, 2008.
[20] BREDAS J L. Mind the gap ! [J]. Materials Horizons, 2014, 1 (1): 17–19.
[21] MICHALET X, PINAUD F F, BENTOLILA L A, et al. Quantum dots for live cells, in vivo imaging, and diagnostics [J]. Science, 2005, 307 (5709): 538–544.
[22] JAMIESON T, BAKHSHI R, PETROVA D, et al. Biological applications of quantum dots [J]. Biomaterials, 2007, 28 (31): 4717–4732.
[23] LUO J, XIE Z, LAM J W Y, et al. Aggregation–induced emission of 1–methyl–1,2,3,5–pentaphenylsilole [J]. Chemical Communications, 2001, (18): 1740–1741.
[24] TURRO N J, BARTON J K, TOMALIA D A. Molecular recognition and chemistry in restricted reaction spaces [J]. Accounts of Chemical Research, 1991, 24 (11): 332–340.
[25] CAMINATI G, TURRO N J, TOMALIA D A. Photophysical investigation of STARBURST® dendrimers and their interactions with anionic and cationic surfactants [J]. Journal of the American Chemical Society, 1990, 112 (23): 8515–8522.
[26] VARNAVSKI O, ISPASOIU R G, BALOGH L, et al. Ultrafast time resolved photoluminescence from novel metal–dendrimer nanocomposites [J]. The Journal of Chemical Physics, 2001, 114 (5): 1962–1965.
[27] LARSON C L, TUCKER S A. Intrinsic fluorescence of carboxylated–terminated polyamido amine dendrimers [J]. Applied Spectroscopy Reviews, 2001, 36 (6): 679–683.
[28] LEE W, BAE Y, BARD A J. Strong blue photoluminescence and ECL from OH–terminated PAMAM dendrimers in the absence of gold nanoparticles [J]. Journal of the American Chemical Society, 2004, 126 (27): 8358–8359.
[29] LU H, FENG L, LI S, et al. Unexpected strong blue photoluminescence produced from the

aggregation of unconventional chromophores in novel siloxane-poly (amidoamine) dendrimers [J] . Macromolecules, 2015, 48 (3) : 476-482.

[30] WANG D, IMAE T. Fluorescence emission from dendrimers and its pH dependence [J] . Journal of the American Chemical Society, 2004, 126 (41) : 13204-13205.

[31] WANG D, IMAE T, MIKI M. Fluorescence emission from PAMAM and PPI dendrimers [J]. Journal of Colloid and Interface Science, 2007, 306 (2) : 222-227.

[32] ZHENG J, PETTY J T, DICKSON R M. High quantum yield blue emission from water-soluble Au8 nanodots [J] . Journal of the American Chemical Society, 2003, 125 (26) : 7780-7781.

[33] JAYAMURUGAN G, UMESH C P, JAYARAMAN N. Inherent photoluminescence properties of poly (propyl ether imine) dendrimers [J] . Organic Letters, 2008, 10 (1) : 9-12.

[34] LU H, HU Z, FENG S. Nonconventional luminescence enhanced by silicone-induced aggregation [J] . Chemistry-An Asian Journal, 2017, 12 (11) : 1213-1217.

[35] GONG Y Y, TAN Y Q, MEI J, et al. Room temperature phosphorescence from natural products: crystallization matters [J] . Science China Chemistry, 2013, 56 (9) : 1178-1182.

[36] PUCCI A, RAUSA R, CIARDELLI F. Aggregation-induced luminescence of polyisobutene succinic anhydrides and imides [J]. Macromolecular Chemistry and Physics, 2008, 209 (9) : 900-906.

[37] LI Q. Aggregation-induced emission type non-traditional intrinsic luminescent polymers with improved thermal property via one-pot Barbier polymerization-induced emission [J] . Journal of Luminescence, 2024, 269: 120516.

[38] CHEN K, WANG Y L, CHU B, et al. Long-lived room temperature phosphorescence from amorphous non-traditional intrinsic clusteroluminescence polymers [J] . Journal of Materials Chemistry C, 2022, 10 (44) : 16420-16429.

[39] YAN J, ZHENG B, PAN D, et al. Unexpected fluorescence from polymers containing dithio/amino-succinimides [J] . Polymer Chemistry, 2015, 6 (35) : 6133-6139.

[40] LI W, WU X, ZHAO Z, et al. Catalyst-free, atom-economic, multicomponent polymerizations of aromatic diynes, elemental sulfur, and aliphatic diamines toward luminescent polythioamides [J] . Macromolecules, 2015, 48 (21) : 7747-7754.

[41] BHATTACHARYA S, RAO V N, SARKAR S, et al. Unusual emission from norbornene derived phosphonate molecules—a sensor for Fe^{3+} in aqueous environment [J] . Nanoscale, 2012, 4 (22) : 6962-6966.

[42] LIU T, MENG Y, WANG X, et al. Unusual strong fluorescence of a hyperbranched phosphonate: discovery and explanations [J] . RSC Advances, 2013, 3 (21) : 8269-8275.

[43] YANG L, WANG L, CUI C, et al. Stöber strategy for synthesizing multifluorescent organosilica nanocrystals [J]. Chemical Communications, 2016, 52 (92): 13447-13450.

[44] ZHOU Q, CAO B, ZHU C, et al. Cluster-triggered emission of nonconjugated polyacrylonitrile [J]. Small, 2016, 12 (47): 6586-6592.

[45] YUAN W Z, ZHANG Y. Nonconventional macromolecular luminogens with aggregation-induced emission characteristics [J]. Journal of Polymer Science Part A: Polymer Chemistry, 2017, 55 (4): 560-574.

[46] YANG T, ZHOU J, SHAN B, et al. Hydrated hydroxide complex dominates the AIE properties of nonconjugated polymeric luminophores [J]. Macromolecular Rapid Communications, 2022, 43 (7): 2100720.

[47] HE B, ZHANG J, ZHANG H, et al. Catalyst-free multicomponent tandem polymerizations of alkyne and amines toward nontraditional intrinsic luminescent poly(aminomaleimide)s[J]. Macromolecules, 2020, 53 (10): 3756-3764.

[48] YU W, WANG Z, YANG D, et al. Nonconventional photoluminescence from sulfonated acetone-formaldehyde condensate with aggregation-enhanced emission [J]. RSC Advances, 2016, 6 (53): 47632-47636.

[49] BAI L, LIU X, YAN H, et al. Regulation of nontraditional intrinsic luminescence (NTIL) in hyperbranched polysiloxanes by adjusting alkane chain lengths: mechanism, film fabrication, and chemical sensing [J]. Langmuir, 2023, 39 (39): 12053-12062.

[50] DU C, CHEUNG C S, ZHENG H, et al. Bathochromic-shifted emissions by postfunctionalization of nonconjugated polyketones [J]. ACS Applied Materials & Interfaces, 2021, 13 (50): 59288-59297.

[51] WANG X, LIU C, XING Z, et al. Furfural-based polyamides with tunable fluorescence properties via Ugi multicomponent polymerization [J]. Macromolecules, 2022, 55 (19): 8857-8865.

[52] MA L, LIU J, LI C, et al. A facile and economical method to synthesize a novel wide gamut fluorescent copolyester with outstanding properties [J]. Polymer Chemistry, 2022, 13 (1): 91-99.

[53] DENG J, BAI Y, LI J, et al. Yellow and orange-red room-temperature phosphorescence from amorphous nonaromatic polymers [J]. Advanced Optical Materials, 2023, 11 (13): 2300715.

[54] JIN C, ZHU X, YANG C, et al. D-A clustering-induced red fluorescent emission of nonconjugated maleimide-based copolymers [J]. Macromolecules, 2024, 57 (7): 3121-3130.

[55] XIE W, DENG J, BAI Y, et al. Hydrogen-bonding-driven nontraditional photoluminescence of a β-enamino ester [J]. Molecules, 2023, 28 (22): 5950.

[56] YAN J, WANG X, XIONG J, et al. Uncovering divergent fluorescence of aliphatic polyamides: synthesis, dual polymerization–induced emissions, and organelle–specific imaging [J]. Chemical Engineering Journal, 2022, 428: 132142.
[57] CAI S, MA H, SHI H, et al. Enabling long–lived organic room temperature phosphorescence in polymers by subunit interlocking [J]. Nature Communications, 2019, 10: 4247.
[58] CHEN H, YAO X, MA X, et al. Amorphous, efficient, room–temperature phosphorescent metal–free polymers and their applications as encryption ink [J]. Advanced Optical Materials, 2016, 4 (9): 1397–1401.
[59] JIANG N, ZHU D X, SU Z M, et al. Blue–emitting thermoreversible oligourethane gelators with aggregation–induced emission properties [J]. Journal of Materials Chemistry C, 2020, 8 (15): 5137–5142.
[60] BIN X, LUO W, YUAN W, et al. Clustering–triggered emission of poly (N–hydroxysuccinimide methacrylate) [J]. Acta Chimica Sinica, 2016, 74 (11): 935–942.
[61] YAN J J, WANG X Y, WANG M Z, et al. Self–assembling nonconjugated poly (amide–imide) into thermoresponsive nanovesicles with unexpected red fluorescence for bioimaging [J]. Biomacromolecules, 2019, 20 (4): 1455–1463.
[62] SAHA B, RUIDAS B, METE S, et al. AIE–active non–conjugated poly (N–vinylcaprolactam) as a fluorescent thermometer for intracellular temperature imaging [J]. Chemical Science, 2020, 11 (1): 141–147.
[63] JIANG N, LI G, CHE W, et al. Polyurethane derivatives for highly sensitive and selective fluorescence detection of 2,4,6–trinitrophenol (TNP) [J]. Journal of Materials Chemistry C, 2018, 6 (42): 11287–11291.
[64] BAURI K, SAHA B, MAHANTI J, et al. A nonconjugated macromolecular luminogen for speedy, selective and sensitive detection of picric acid in water [J]. Polymer Chemistry, 2017, 8 (46): 7180–7187.
[65] YANG J, ZHANG Y, GAUTAMA S, et al. Development of aliphatic biodegradable photoluminescent polymers [J]. Proceedings of the National Academy of Sciences of the United States of America, 2009, 106 (25): 10086–10091.
[66] MIAO Q, XIE C, ZHEN X, et al. Molecular afterglow imaging with bright, biodegradable polymer nanoparticles [J]. Nature Biotechnology, 2017, 35 (11): 1102–1110.
[67] MIKROYANNIDIS J A, SPILIOPOULOS I K. Synthesis and optical properties of novel blue–light–emitting poly (p–phenylene vinylene) derivatives with pendant oxadiazole or cyano groups [J]. Journal of Polymer Science Part A: Polymer Chemistry, 2004, 42 (7): 1768–1778.
[68] ABD–EL–AZIZ A S, ABDELGHANI A A, WAGNER B D, et al. Advances in light–emitting dendrimers [J]. Macromolecular Rapid Communications, 2019, 40 (1):

1800711.

[69] YANG X, HU R, QIN A, et al. Clusteroluminescent polymers for bio-applications [J]. European Polymer Journal, 2024, 204: 112704.

[70] YAN J J, WANG Z K, LIN X S, et al. Polymerizing nonfluorescent monomers without incorporating any fluorescent agent produces strong fluorescent polymers [J]. Advanced Materials, 2012, 24 (42): 5617-5624.

[71] ZHAO Z, CHEN X, WANG Q, et al. Sulphur-containing nonaromatic polymers: clustering-triggered emission and luminescence regulation by oxidation [J]. Polymer Chemistry, 2019, 10 (26): 3639-3646.

[72] YU W, WU Y, CHEN J, et al. Sulfonated ethylenediamine-acetone-formaldehyde condensate: preparation, unconventional photoluminescence and aggregation enhanced emission [J]. RSC Advances, 2016, 6 (56): 51257-51263.

[73] ALGAR W R. Heroes or villains? How nontraditional luminescent materials do and do not enhance bioanalysis and imaging [J]. Chemistry of Materials, 2020, 32 (12): 4863-4883.

[74] ZHENG S, HU T, BIN X, et al. Clustering-triggered efficient room-temperature phosphorescence from nonconventional luminophores [J]. ChemPhysChem, 2020, 21 (1): 36-42.

[75] DENG C, CHEN X, YU H, et al. A biodegradable triblock copolymer poly (ethylene glycol) -b-poly (L-lactide) -b-poly (L-lysine): Synthesis, self-assembly, and RGD peptide modification [J]. Polymer, 2007, 48 (1): 139-149.

[76] CHU C C, IMAE T M. Fluorescence investigations of oxygen-doped simple amine compared with fluorescent PAMAM dendrimer [J]. Macromolecular Rapid Communications, 2009, 30 (2): 89-93.

[77] SHIAU S F, JUANG T Y, CHOU H W, et al. Synthesis and properties of new water-soluble aliphatic hyperbranched poly (amido acids) with high pH-dependent photoluminescence [J]. Polymer, 2013, 54 (2): 623-630.

[78] ZHANG Z, XIONG Z, CHU B, et al. Manipulation of clusteroluminescence in carbonyl-based aliphatic polymers: Special Issue: Emerging Investigators [J]. Aggregate, 2022, 3 (5): e278.

[79] CHEN X, LIU X, LEI J, et al. Synthesis, clustering-triggered emission, explosive detection and cell imaging of nonaromatic polyurethanes [J]. Molecular Systems Design & Engineering, 2018, 3 (2): 364-375.

第 2 章

聚硅氧烷

2.1 概述

最初，卡洛斯（Carlos）、贝基亚里（Bekiari）和利安诺斯（Lianos）等人报道了共价交联的硅氧烷结构（氨基硅、二脲硅）可以表现出非传统本征发光（NTIL）发射。这些硅氧烷结构中都含有富电子的亚发光体，如胺、酰胺、腈、硅、羟基和尿素基团等。紧接着，伊玛埃（Imae）等人的后续工作表明，含硅氧烷的树枝状聚合物、树枝状大分子和超支化聚合物也表现出较强的 NTIL 性能。推测其发光可能来源于富含电子的亚发光体和环氧基的树枝状结构带来的物理限制。值得注意的是，卡洛斯等人报道的与 N → Si 络合相关的超分子约束（结构刚性），以及穆罕默德（Mohamed）等人报道的刚性环状多面体低聚硅氧烷（POSS）有机硅结构，也会导致 NTIL 发射增强。

2.2 聚硅氧烷的种类及发光机理

对超支化聚硅氧烷（HBPSi）荧光特性的细致观察可以追溯到 2016 年，颜（Yan）等人通过四乙氧基硅烷、三乙醇胺、N- 甲基二乙醇胺或二甘醇的缩聚反应，合成了脂肪族含叔胺的超支化聚硅氧烷（TAHPSi）。与之前普遍被接受的氧化机制相反，无须进一步氧化或酸化，TAHPSi 便可以在 365 nm 紫外光的激发下发出明亮的蓝色荧光，且荧光强度随浓度的增加而增强，表现出如图 2-1（a）所示的典型的聚集诱导发光（AIE）特征。对 TAHPSi 的研究表明，脂肪胺的氧化可能不是其发光的内在机制，颜等人进而推测：HBPSi 的发光行为强烈依赖于羟基的聚集。也就是说，末端羟基通过分子间、分子内强氢键作用聚集，驱动富电子原子（如 Si、O 等）形成团簇结构。这些团族作为发光中心，在环境条件下产生强光致发光（PL）。

为了验证该猜想，颜等人合成了末端分别具有羟基、氨基和环氧基的 HBPSi，并系统地研究了它们的 PL 行为［图 2-1（b）］。他们发现，末端具有羟基的 HBPSi 表现出较高的荧光性，而当羟基被乙酰乙酸丁酯阻断后，荧光几乎消失。这是因为连接了乙酰乙酸丁酯后，羟基的氢键形成被干扰，进而导致 HBPSi 的聚集和发光中心形成过程受限。此外，环氧基团也能促进 HBPSi 的聚集，从而增强其发光能力。环氧基团与 HBPSi 末端羟基的协同作用，使末端含有环氧基的 HBPSi 的量子产率（QY）达到了 4.61%。

影响分子聚集的另一个关键因素是空间位阻。为了明确空间位阻的影响，颜等人合成了两个结构相似的 HBPSi。在末端羟基和氨基基团相同的情况下，含有新戊二醇片段的 HBPSi 的荧光强度、寿命和 QY 均高于含有 2- 甲基 -1,3- 丙二醇片段的 HBPSi。这可能是由于新戊二醇具有较大的空间位阻。一方面，大位阻会限制 HBPSi 的聚集，这将阻碍 HBPSi 聚集发光中心的形成；另一方面，大位阻会限制分子的运动和转动，这通常有利于荧光的增强。此外，氢键促进了末端羟基和氨基的聚集，在一定程度上限制了分子的运动和转动，这种聚集带来的效果要高于新戊二醇大空间位阻带来的影响，从而最终含有新戊二醇片段的 HBPSi 的 PL 性能得到了增强。

在 Si 原子的空 3d 轨道上，富电子原子可以与 Si 原子之间形成配位键。2015 年，冯（Feng）等人报道了含硅聚合物中的 N → Si 配位键。该 N → Si 配位键也能促进 HBPSi 的聚集。X 射线光电子能谱（XPS）揭示了 HBPSi 中存在 N → Si 键，而密度泛函理论（DFT）进一步证实了 N → Si 配位键增强了分子聚集。除 N 原子外，S 原子、O 原子等富电子原子也可以通过类似机制与 Si 原子的空 3d 轨道形成配位键，产生 d-d 轨道分裂。分裂的 d 轨道上的电子也能吸收紫外线能量并产生辐射跃迁，这将有利于 HBPSi 的荧光行为。理论计算表明，Si-O-C 的键角约为 120°，介于 Si-O-Si（130°）和 C-O-C（110°）之间

[图 2–1（c）]。因此，Si–O–C 链段结合了有机链的良好柔韧性和无机链的刚性，进一步促进了分子的聚集。

随后，颜（Yan）等人报道了以 1,6– 己二醇为反应物合成的长碳链集成的 HBPSi。如图 2–1（d）所示，1,6– 己二醇中的碳链比之前报道的二元醇更灵活，并且有利于与 Si–O–C 链段形成紧密的聚集体。DFT 结果证实，更多的氢键以及分子内、分子间 O…O、O…N 相互作用有助于富电子原子的电子云重叠，从而导致跨空间共轭作用（TSC）的产生。由于 Si–O–C 链段和 1,6– 己二醇中的长碳链产生了令人满意的柔韧性和刚性，合成的 HBPSi 的 QY 达到了 17.88%。上述结果表明，富电子原子可以加速 HBPSi 的聚集，从而导致独特的 AIE 发射。DFT 预测表明，在 HBPSi 聚集体中不仅存在氢键，还存在 O 和 N 原子的相互作用以及配位键。这些分子间、分子内的相互作用驱动着富电子原子的聚集，使它们聚集在一起。这些富含电子原子的电子云相互重叠、共享，通过 TSC 产生"成簇的发色团"。随着能级的增加，最高占据分子轨道（HOMO）和最低未占据分子轨道（LUMO）之间的能隙减小，从而有利于电子激发。此外，跨空间的相互作用也有利于分子构象的刚性，从而有利于辐射跃迁。最终，HBPSi 的荧光性能得到了大幅度提升。

在这一思路的指导下，颜（Yan）等人开始更多地关注"在分子水平上结构对聚集的促进作用"的探索，随后，他们设计合成了多色发光的 HBPSi。Si 原子的空 3d 轨道也可以促进电荷转移，从而制备具有延迟荧光的非传统聚合物。他们合成了一系列以超支化聚硼酸盐为核心的超支化聚硼硅氧烷 [图 2–1（e）]，随着单体二醇上电子密度的增加，它们的 PL 颜色呈现红移。由于 P4 具有较高的电子密度，它表现出红光发射和寿命为 9.73 μs 的延迟荧光。实验结果和 DFT 理论计算结果表明，在 P4 中存在明显的杂原子诱导的电子离域以及跨空间的 O…O、O…N 相互作用。这些因素的协同作用使得单重态与三重态之间的能隙（ΔE_{ST}）大大降低至 0.08 eV，并产生增强的红色延迟荧光。此外，他们还制备了另一种具有红色发射的 HBPSi。通过调节 HBPSi 的第一激发态，观察到 HBPSi 向 Eu^{3+} 离子的增强能量转移，并在 613 nm 处产生明显的 PL 发射。

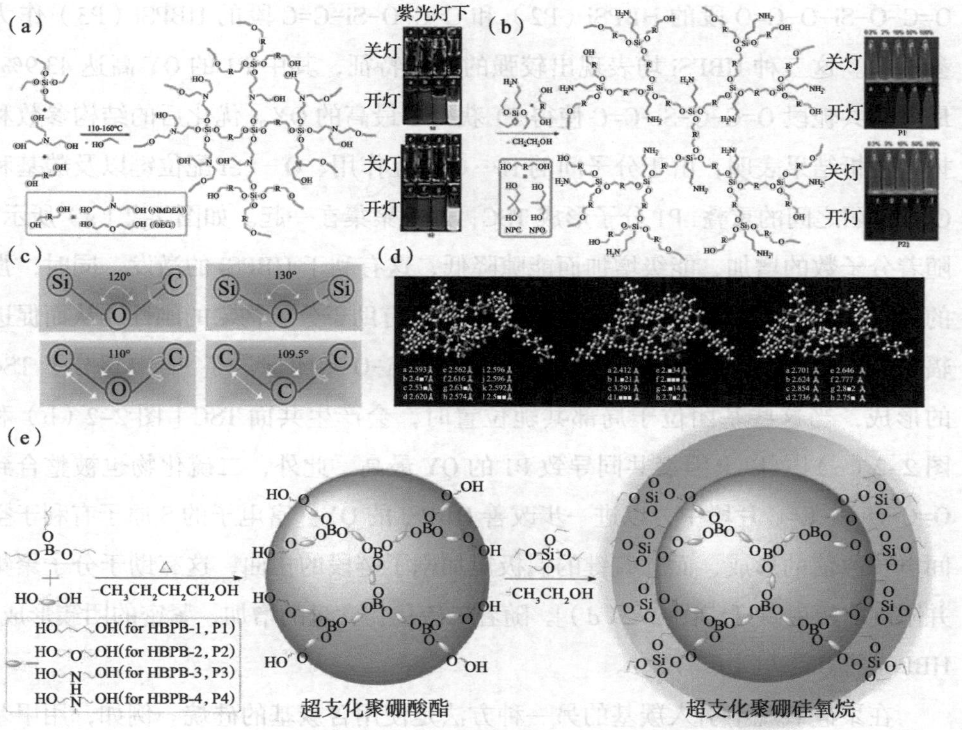

(a) TAHPSi 的合成路线及其溶液的照片；(b) 具有端羟基和氨基的 HBPSi 的合成路线及其水溶液的照片；(c) Si-O-C，Si-O-Si，C-O-C 和 C-C-C 链段的键角；(d) 含有 1,6- 己二醇链的 HBPSi 聚集体中的分子内和分子间氢键以及 O···O、O···N 相互作用；(e) 具有不同电荷密度二元醇的超支化聚硼硅氧烷的合成路线

图 2-1　不同种类的超支化聚硼硅氧烷的合成路线和相互作用特点

2.3 局部共轭的超支化聚硅氧烷

由于缺乏芳香族结构单元，HBPSi 具有独特的 PL 特性，但也导致了相对较低的 QY 和较短的荧光寿命，并且它们的发射带主要集中在蓝色区域。受经典发光理论的启发，引入羰基可以制备局部共轭 HBPSi。通过调整羰基的聚集和相对位置，HBPSi 的 QY 可提高到 47.8%，并观察到多色荧光现象。引入羰基的一个简单方法是用二羧酸代替二羟基醇。羰基与 Si-O 键一起，在含有共轭 O=C-O-Si-C=C 段（标记为 P1）的 HBPSi 中形成了局部共轭。同时，包含

O=C–O–Si–O–C=O 段的 HBPSi（P2）和 C=C–O–Si–C=C 段的 HBPSi（P3）作为参考项。这三种 HBPSi 均表现出较强的 AIE 特征，其中 P1 的 QY 高达 43.9%。最大的共轭段 O=C–O–Si–C=C 使得 P1 获得了最高的 QY。优化后的结构参数和拓扑分析结果表明，由于分子间的 H⋯O 相互作用、O → Si 配位键以及羰基和 C=C 基团之间的重叠，P1 分子形成 TSC，最终聚集在一起。如图 2–2（a）所示，随着分子数的增加，能级增加而能隙降低，这有利于 HBPSi 的激发。同时，强的 H⋯O 相互作用和丰富的 O → Si 配位键也有助于分子构象的刚性，从而促进辐射跃迁。DFT 预测还显示，C=O、C=C 和 Si–O 基团促进了 P1 中超分子 TSC 的形成，当这些基团位于局部共轭位置时，会产生共面 TSC［图 2–2（b）和图 2–2（c）］。以上因素共同导致 P1 的 QY 最高。此外，二硫化物也被整合到 O=C–O–Si–C=C 片段中，以进一步改善 HBPSi 的 QY。富电子的 S 原子有利于空间电子通信的形成，而二硫键的偶极矩加剧了链段的扭曲，这有助于分子聚集并限制非辐射跃迁［图 2–2（d）］。随着二硫化物含量的增加，紧密的团簇形成，HBPSi 的 QY 达到了 47.8%。

在聚硅氧烷中引入羰基的另一种方法是使用含羰基的硅烷。例如，用甲基丙烯酰氧基丙基三乙氧基硅烷（methacryloxypropyltri–ethoxysilane）和 1,3– 丙二醇反应，可制备含有共轭 C=C–C=O 片段的新型 HBPSi。颜（Yan）等人合成了一种具有线性结构的聚硅氧烷。实验结果表明，具有局部共轭结构的聚硅氧烷（QY 为 7.71%）比线性聚硅氧烷（QY 为 1.12%）具有更高的 QY。在不同的激发波长下，HBPSi 可以发射出不同的颜色［图 2–2（f）］。然而，作为参考的线性聚硅氧烷只能发出微弱的蓝色荧光。DFT 计算表明，由于末端羟基较多，HBPSi 比线性聚硅氧烷具有更紧密的聚集和更强的振荡强度。如图 2–2（e）所示，在 HBPSi 的基态几何结构中存在多重 TSC，这导致了超分子聚集体中不同的电子离域系统。在不同激发波长下，由 HBPSi 主链组成的大 TSC 环可能产生长波发射，而其侧链中存在的小环可能产生短波发射。这一猜想被归结为“多环诱导多色发射”（multiring–induced multicolor emission，MIE），并得到了其他非共轭 AIE 聚合物的进一步支持。与之相反的是，线性聚硅氧烷很难形成强的多环 TSC，从而导致其相对较低的 QY 和较弱的蓝色发射。

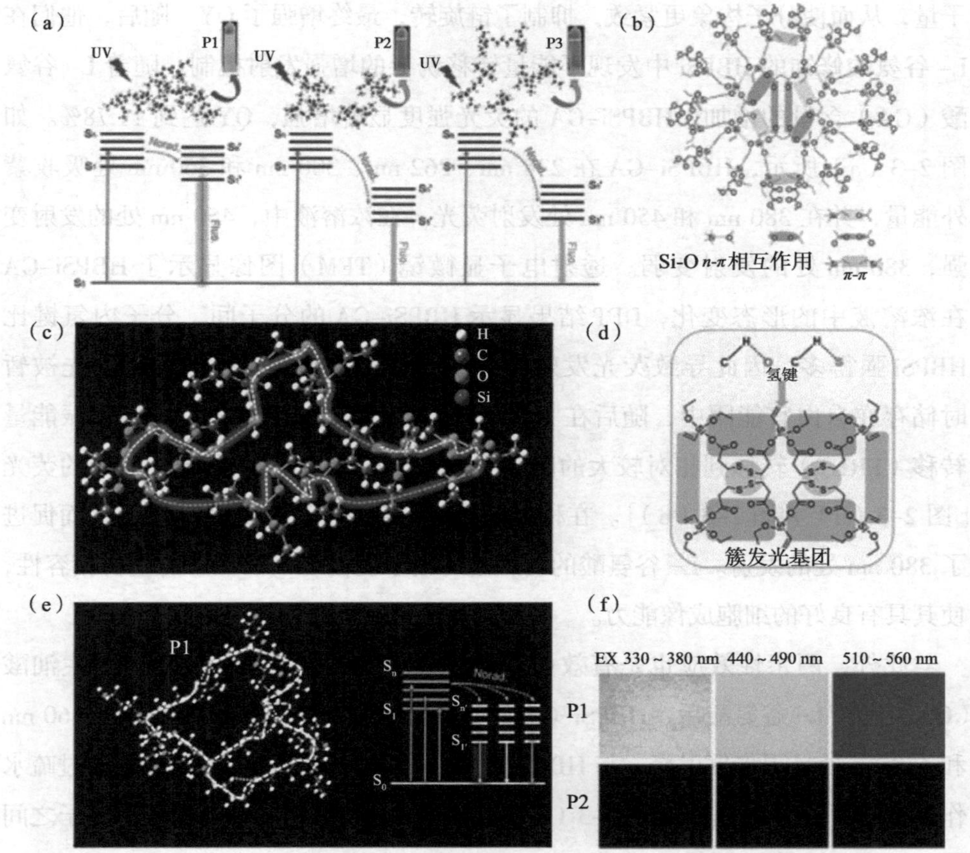

（a）P1，P2，P3 的荧光机制示意图；（b）P1 中的分子相互作用的机制示意图；（c）P1 的分子结构；（d）含二硫化物的 HBPSi 的 CTE 机理示意图；（e）包含 C=C-C=O 片段的 HBPSi 的分子结构和（f）P1 和 P2 的荧光显微镜图像

图 2-2　P1，P2，P3 的荧光机制示意图

2.4　具有末端修饰的超支化聚硅氧烷

与骨架变化不同，末端修饰提供了调控分子聚集和调控局部 TSC 的新策略。2016 年，颜（Yan）等人用 20 wt%（重量百分比）的聚醚胺修饰 HBPSi 的端部，明显地改善了其水溶性，并将 QY 从 4.61% 提高到了 7.30%。聚醚中丰富的氧原子促进了 O 原子的聚集效应和局部 TSC 的形成。接枝的聚醚胺增加了分

子量，从而使分子构象更紧致，抑制了链旋转，最终增强了 QY。随后，他们在 L- 谷氨酸修饰的 HBPSi 中发现了能量转移诱导的增强发射机制。随着 L- 谷氨酸（GA）含量的增加，HBPSi-GA 的荧光强度显著增强，QY 达到 11.78%。如图 2-3（a）所示，HBPSi-GA 在 238 nm、262 nm、300 nm 和 360 nm 处吸收紫外能量，并在 380 nm 和 450 nm 处发射荧光。在浓溶液中，450 nm 处的发射变强，380 nm 处的发射变弱。透射电子显微镜（TEM）图像显示了 HBPSi-GA 在浓溶液中的形态变化，DFT 结果显示 HBPSi-GA 的分子间、分子内氢键比 HBPSi 强得多，因此导致荧光发射增强。研究者推测，吸附的能量首先被暂时储存在自由官能团中，随后在 380 nm 处发射荧光，然后通过荧光共振能量转移（FRET）转移到相对较大的团簇中的电子离域，增强了 450 nm 处的荧光［图 2-3（a）和图 2-3（b）］。在稀释溶液中，会形成更多的小团簇，从而促进了 380 nm 处的发射。L- 谷氨酸的引入也有助于提高 HBPSi-GA 的生物相容性，使其具有良好的细胞成像能力。

此外，两亲性效应也是有效调控分子聚集的另一驱动力。用可再生油酸（OA）代替 L- 谷氨酸后，HBPSi-OA 的 QY 达到 28.57%，并在 330 nm、360 nm 和 430 nm 处呈现多发射峰。与 HBPSi 相比，分布在 HBPSi 表面的油酸通过疏水作用促进了分子聚集。如图 2-3（c）所示，在 HBPSi-OA 中，O 和 N 原子之间的氢键和相互作用更强，这导致 HBPSi-OA 聚集体中羟基、胺、醚和 -Si（O）$_3$ 基团之间的电子交流增强。其结果表明，HBPSi-OA 的荧光强度和 QY 明显增强。机理研究表明，多发射是由自组装聚集体中的非均质电子离域产生的，多激发是由自由官能团之间的能量传递、较小的电子离域和较大的电子离域之间的差异引起的［图 2-3（c）和图 2-3（d）］。

与 L- 谷氨酸和具有柔软脂肪链的油酸相比，β- 环糊精（β-CD）是一种具有丰富 O 原子的笼状分子。β-CD 不仅含有丰富的 O 原子，极大地影响了分子的聚集［图 2-3（e）］，而且具有刚性的大环结构，有利于辐射跃迁，因此 HBPSi-CD 的 QY 从 12.24% 增加到 18.72%。β-CD 接枝后，HBPSi-CD 的分子间氢键、O⋯O 和 O⋯N 相互作用、N → Si 配位键和 O → Si 相互作用更强，导致 TSC 更大，构象更紧凑［图 2-3（f）］。此外，HBPSi-CD 的能隙远低于

HBPSi。增大的 TSC 和固化的构象提升了荧光强度、促进了发射的红移。这些结果证明了跨空间电子相互作用对 HBPSi 光物理行为的重要影响，并为非共轭 AIE 发色团的合理分子设计提供了依据。也就是说，通过结合富电子原子，发色团的 TSC 能够得到增强，分子构象进而得到固化。最终，获得了优越的 PL 性能。

二元醇的长度也会影响分子的聚集行为。β-CD 修饰的 HBPSi（HBPSi-β-CD）结构中含有较短的二元醇，表现出不同的 PL 性质。通过调整富电子原子的分布和 β-CD 的接枝量，HBPSi-β-CD 在 360 nm、420 nm、450 nm 和 550 nm 激发下的 QY 分别为 19.36%、31.46%、46.14% 及 44.84%［图 2-3（g）］。未修饰 β-CD 末端的 HBPSi-NH_2 表现出激发依赖性荧光，发射颜色为蓝、绿、红。然而，它在红色区域的发射非常微弱。相比之下，HBPSi-β-CD 的红色发射仍然很亮，显示出真正的多色发射。与 HBPSi-NH_2 相比，HBPSi-β-CD 的聚集体比 HBPSi-NH_2 大得多，从而产生更大的簇，抑制分子链的运动。此外，HBPSi-β-CD 具有比 HBPSi-NH_2 更强的分子间、分子内氢键，导致更紧凑的超分子拓扑结构和更大程度的电子离域［图 2-3（h）］。因此，HBPSi-β-CD 的多色发射本质上来源于它们具有更大程度的电子离域。

末端官能团的相互作用和富电子原子的密度不仅决定了非传统聚合物的荧光强度和 QY，而且会影响其发射波长。白（Bai）等人用芳香族氨基酸代替非共轭分子功能化 HBPSi。他们将 L- 苯丙氨酸、L- 酪氨酸和 L- 色氨酸接枝到 HBPSi 上，获得了绿色、黄色和红色发光区的高荧光强度和 QY［图 2-4（b）］。与 β-CD 修饰的 HBPSi 不同，具有 π 键的 HBPSi 增强了共轭 π 键与氨、羟基和 -Si（O）$_3$ 等官能团之间的电子交流，氢键、高密度的官能团以及两亲性效应促进了 π 键功能化的 HBPSi 的聚集和团簇化［图 2-4（a）］。

除了增强的电子聚集，S 原子的整合还改变了 HBPSi 中的 TSC，并在 HBPSi-Cys 中形成非共轭 D-A 结构。颜（Yan）等人报道了具有两个不同发射峰的 HBPSi-Cys，它们分别涉及局域激发（LE）和扭曲分子内电荷转移（TICT）发射。TICT 在弱受电子 S 原子的作用下，带来了 Stokes 位移达 213 nm 的溶剂致变色发射。从图 2-4（c）可以看出，L- 半胱氨酸的结合不仅通过增加电子密

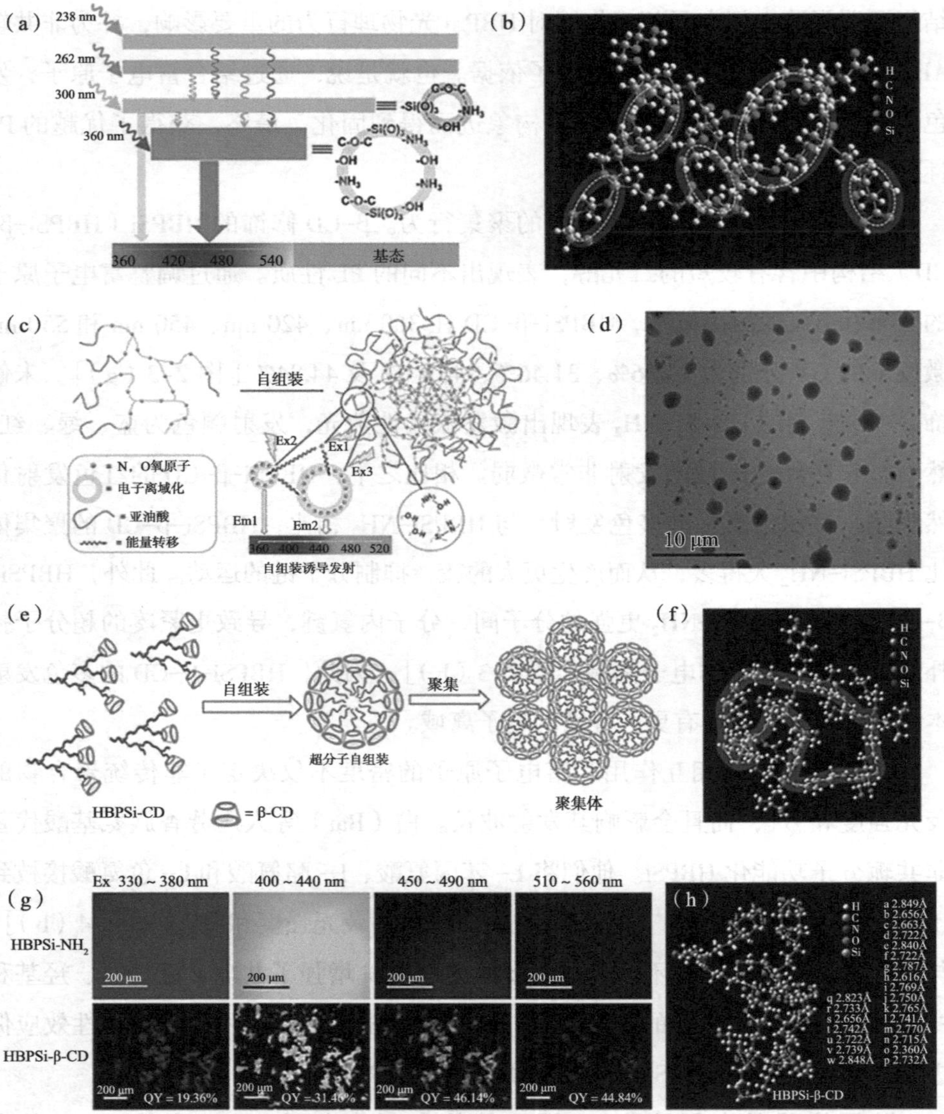

（a）HBPSi-GA 的多激发、多发射性质的荧光机理示意图；（b）HBPSi-GA 电子离域；（c）自组装 HBPSi-OA 的机理示意图；（d）乙醇－水混合物中 HBPSi-OA 聚集体的 TEM 图像；（e）HBPSi-CD 聚集体的自组装；（f）跨空间共轭作用（TSC）的示意图；（g）$HBPSi-NH_2$ 和 HBPSi-β-CD 的多色发光；（h）HBPSi-β-CD 聚集体中 O…和 O…N 相互作用示意图

图 2-3　HBPSi-GA 的机理示意图

度增强了荧光强度，而且导致最高占据分子轨道（HOMO）和最低未占据分子轨道（LUMO）分布的空间分离明显，而这将有利于电荷转移过程。通过图 2-4(e) 所示的利珀特 - 马塔加（Lippert-Mataga）图和温度依赖性荧光光谱实验证实了 TICT 的发射。随后，DFT 结果进一步表明，巯基、酰胺基和邻近的离域电子构成了受体单元，酰胺基和羟基作为给体单元，Si 原子作为桥梁介导极性溶剂中的电荷转移过程。因此，S 原子调节了 HBPSi-Cys 的内部电子环境，并产生了具有 TICT 发射的新型非共轭超支化聚硅氧烷。

在由 Si-O-Si 段组成的超支化聚硅氧烷中也观察到 PL 行为。2000 年，利亚诺斯（Lianos）等人以聚环氧乙烷或聚环氧丙烷为聚醚链，合成了端硅酸盐基团的脲硅。他们发现脲硅化合物在室温下发光的方式与团簇大小有关，并且在稀释的样品中无法检测到荧光。他们认为，这种发光源于聚合物链聚集形成的含硅团簇中的离域电子 - 空穴复合过程。2015 年，冯（Feng）等人通过迈克尔反应和酰胺化反应合成了几代硅氧烷 - 聚酰胺胺（Si-PAMAM）树状大分子。在不添加额外氧化试剂的情况下，Si-PAMAM 表现出较强的蓝色发光，发光强度随着代数的增加而迅速增加。叔胺对发光起着至关重要的作用，而 N → Si 配位键产生的羰基聚集是荧光强度增强的内在原因。

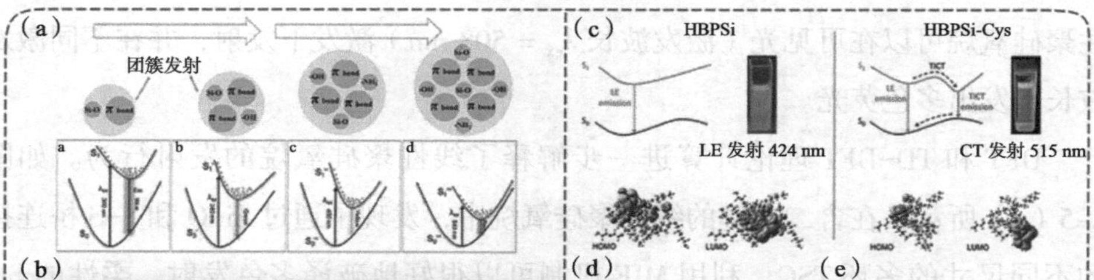

（a）芳香氨基酸修饰 HBPSi 聚集体的能量面；（b）国际委员会（CIE）；（c）HBPSi 和 HBPSi-Cys 的 LE/TICT 机制和前沿分子轨道示意图；（d）HBPSi-Cys 在不同溶剂中的发射光谱，插入为 HBPSi-Cys 荧光图像；（e）HBPSi-Cys 的 Lippert-Mataga 图

图 2-4　HBPSi 和 HBPSi-Cys 的光致发光特性

2.5 线性聚硅氧烷的结构多样性

由于富电子原子的聚集，超支化结构的聚硅氧烷具有各种独特的 PL 性质。然而，由于线性聚硅氧烷的官能团空间密度低，在环境条件下通常是不发射的。与超支化聚硅氧烷相比，线性聚硅氧烷缺乏三维拓扑结构，导致链段之间的距离增大。因此，没有观察到它具有荧光。为了丰富线性聚硅氧烷的功能，科学家们选取了一些取代基，如甲基、苯基和三氟丙基等来对线性聚硅氧烷进行功能化。将这些惰性基团与线性聚硅氧烷的主链共价连接，可以降低聚合物的表面能。而引入活性基团，如氢、乙烯基和氨基等，则有利于聚合物的进一步功能化。因此，通过引入富电子原子和荧光团，可以使原本不发光的线性聚硅氧烷获得发光特性。

一般而言，由 Si–O–C 链段组成的线性聚硅氧烷由于富电子原子的局部密度较低，通常不发光或发弱光。但是，二硫键的引入可以使线性聚硅氧烷的结构发生扭曲，从而增强其发光性能。二硫键是一种低电负性的动态共价键。一方面，它对外层电子的束缚能力很弱，有利于减小 HOMO–LUMO 能隙。另一方面，由于键角较小，二硫键可以增加聚合物链的扭曲程度。颜（Yan）等人通过在线性聚硅氧烷中引入二硫键和羰基的方式实现了多色荧光。他们合成的线性聚硅氧烷可以在可见光（激发波长 λ_{ex} = 508 nm）激发下发射，并在不同激发波长下发出多色荧光。

DFT 和 TD–DFT 理论计算进一步解释了线性聚硅氧烷的发射行为。如图 2–5（a）所示，在含二硫键的线性聚硅氧烷中，发现了通过 Si–O 和 S–S 桥连接的不同尺寸的多环 TSC。利用 MIE 机制可以很好地破译多色发射。柔性的 Si–O–C 链和二硫键可以增加主链的扭曲程度，从而缩短富电子基团之间的距离。随后，由于 Si–O、C=C、C（O）O 和 S–S 基团之间的距离减小，多环 TSC 产生。二硫键还可以降低激发能，增加线性聚硅氧烷的偶极矩，并使构象更加刚性，从而有利于可见光激发和抑制非辐射跃迁。此外，颜（Yan）等人为了调整局部共轭分布，通过引入羰基（C=O）和乙烯基（C=C）的方式进一步设计了两种线性聚硅氧烷，并提出了一种新的称为“局部共轭增强多色发射”的发射机制。

在 LPSi-1 中，较长的局部共轭链段（C=C-Si-O-C=O）是由 Si-O 键连接羰基和乙烯基形成的。在 LPSi-2 中，制备了较短的局部共轭链段（Si-O-C=O）作为参照。光谱研究表明，LPSi-1 的荧光强度远高于 LPSi-2，并且 LPSi-1 表现出明显的蓝、青、绿到红的多色发光。DFT 理论计算结果进一步表明，局部共轭在它们的发光行为中起着关键作用。如图 2-5（d）所示，LPSi-1 中较长的局部共轭导致了多个大小不同的 TSC 环，从而触发了多色发光。在 LPSi-2 中，形成的 TSC 环是均匀的，但跨空间的电子交流降低，因此只观察到较弱的蓝光和青光发射。

一般来说，Si-O-Si 链段良好的柔韧性有助于形成聚集体。然而，过强的柔韧性不利于刚性分子构象的形成，从而导致聚硅氧烷的不发光或弱发光行为。因此，可以通过引入外加官能团，制备由 Si-O-Si 链段组成的发光线性聚硅氧

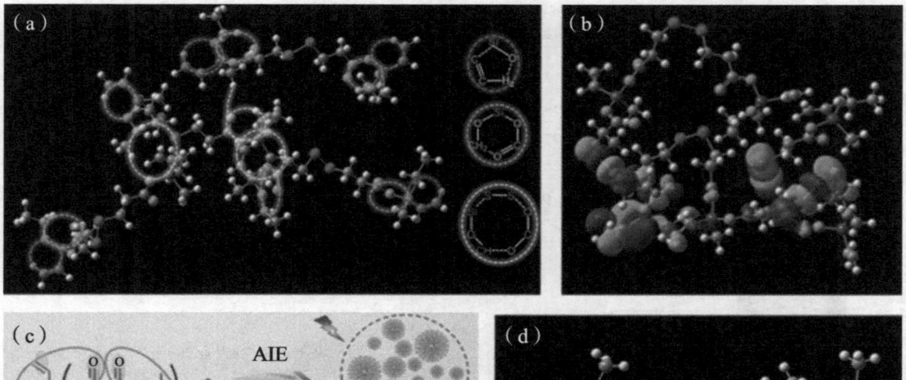

含有二硫键的线性聚硅氧烷的（a）多环跨空间共轭作用（TSC）和前沿分子轨道（b）的示意图；
含有 C=C-Si-O-C=O 链段的线性聚硅氧烷的（c）可能的荧光机制和（d）TSC 示意图

图 2-5　线性聚硅氧烷的发光机制示意图

烷。灵活的 Si–O–Si 链为官能团的聚集模式提供了多种可能性，有助于发光过程。冯（Feng）等人观察了溶剂极性驱动的聚硅氧烷基离子液体（polysiloxane-based inoic liguids，PSI Ls）的自组装，PNI Ls 是由聚甲基硅氧烷（PMMS）和咪唑溴合成的。当 PMMS 分散在非极性溶剂中时，由于咪唑 -Br 基团与 PMMS 主链的极性不同，PMMS 会在咪唑 -Br 基团周围形成非极性壳层。咪唑 -Br 基团间明显的静电相互作用导致 PNI Ls 侧链聚集。他们提出 PMMS 的荧光是由 S → Si 配位键诱导 Si 原子的 3d 轨道分裂产生的。电子在分裂轨道中重新排列并引起 d–d 跃迁，从而使PMMS具有荧光。张（Zhang）等人以二氧化碳、含硅氧烷（Si–O–Si）的双环氧化物和二胺为原料合成了聚羟基聚氨酯［图 2–6（d）］。由于氢键诱导了 H–O⋯C=O 和 C=O⋯C=O 的分子内 n–π* 相互作用，聚羟基聚氨酯表现出较强的发射强度，QY 为 23.6%。通过调节 -OH 基团的含量来精确控制氢键相互作用，可以调节聚羟基聚氨酯的发射性能。氢键是由疏水且柔性的 Si–O–Si

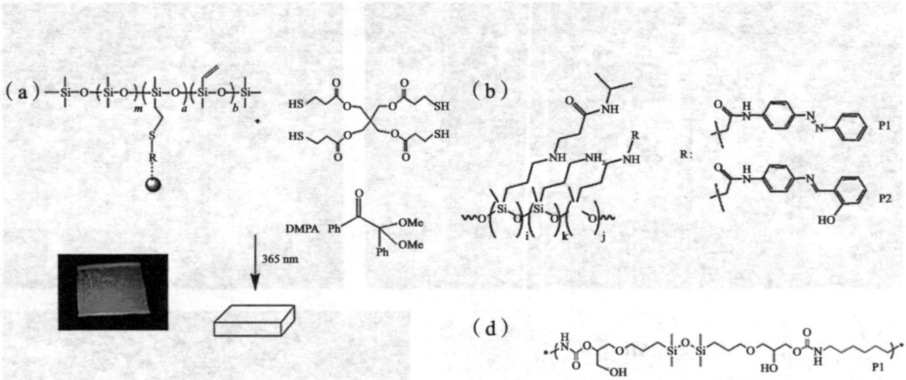

（a）聚硅氧烷基 Eu^{3+} 弹性体的合成路线及照片；（b）DRPS 的化学结构；（c）硅基聚合物导电材料示意图；（d）聚羟基聚氨酯的化学结构

图 2–6　硅基聚合物的合成路线和化学结构

键引起的亲水羟基的聚集促进的。柔性的 Si–O–Si 链还抑制了荧光团单元之间的 π–π 堆积，在聚集态下产生了强荧光发射。林（Lin）等人设计了一种将亚胺连接的聚硅氧烷和罗丹明 B 共价连接的荧光比率探针。由于 N → Si 配位键，亚胺连接的聚硅氧烷呈现蓝色荧光。Fe^{3+} 的加入可以破坏 N → Si 键，使罗丹明 B 在开环状态下恢复原状，从而使探针的荧光发射从蓝色变为红色。

Si 原子的空 3d 轨道容易形成电子离域。在此基础上，冯（Feng）等人通过 Heck 反应合成了两种荧光型聚硅氧烷，即以聚硅氧烷为骨架的线形 BpaP 和以硅氧烷为骨架的 BpaD。聚硅氧烷的柔性 Si–O–Si 链在 BpaP 中从三苯胺到 4- 硝基苯酚的有效电子转移中起着至关重要的作用，导致荧光猝灭，从而实现了 4- 硝基苯酚的较低检测限（BpaD 为 0.6 μM，BpaP 为 0.23 μM）。硅氧烷具有优异的渗透性和较低表面能，是与稀土元素配位的理想材料。利用配体与稀土离子的配位反应，制备了一系列荧光聚硅氧烷。当聚硅氧烷被激发时，可以观察到强烈的发光，从聚硅氧烷到稀土离子的有效能量转移，导致敏化的 PL。例如，冯（Feng）等人报道了通过 Eu^{3+} 配位功能化聚硅氧烷的点击化学制备的有机硅发光弹性体。如图 2–6（a）所示，通过聚硅氧烷向 Eu^{3+} 的能量转移，获得了在 617 nm 处具有强荧光发射的透明弹性体。发光弹性体表现出理想的机械柔韧性，其颜色可以通过加入合适的镧系离子来调节。柔性 Si–O–Si 骨架也能降低构象能。如图 2–6（b）所示，冯（Feng）等人设计了两种以 N- 异丙基酰胺和偶氮苯 / 亚水杨基苯胺为侧链基团的热响应性和光响应性线性聚硅氧烷（DRPS）。DRPS 具有较低的临界溶解温度（LCST）型相分离，可通过水溶液中的温度和紫外光控制。辐照后，由于侧基异构化导致极性升高，LCST 值升高，从而在辐照前后 LCST 范围内实现了可逆的溶解度变化。这种敏感的相分离是由于柔性 Si–O–Si 骨架降低了构象能而导致的。

2.6　其他结构的聚硅氧烷

1998 年，利亚诺斯（Lianos）等人首次报道了非传统有机硅的发光现象。他们在无氧条件下，通过（3- 氨基丙基）三乙氧基硅烷与乙酸的相互作用合成了一种荧光材料。该材料可以在 450 nm 和 560 nm 处发出明亮的荧光，其荧光寿命分别为 9.9 ns 和 5.8 ns，QY 分别为 21% 和 12%。2000 年，他们合成了六种基于不同长度的聚环氧乙烷和聚环氧丙烷链的透明纳米复合凝胶。通过脲桥，末端的硅酸盐基团与聚醚链相连。这些凝胶可以在室温下发光，并且在聚醚链较短或掺杂大原子序数阳离子的凝胶中可以观察到发光强度的增强。较长的聚醚链会形成分散的硅和脲基团，增加了发光团簇上的缺陷，从而减弱了发光。重阳离子在硅簇表面的附着可以通过消除表面缺陷来增加其发光。因此，他们推断出发射中心位于具有集中 -NH- 和 C=O 基团的二氧化硅团簇的表面，并且发光是由离域电子空穴的复合产生的。较大的团簇发出的光波长较长，而较小的团簇发出的光波长较短。

卡洛斯（Carlos）等人将三种二胺与 3- 异氰酸三丙基三乙氧基硅烷（3-isocyanatepropyltrie-thoxysilane）反应制备了一系列无机相与不同比例的硅基结构相结合的有机 – 无机杂化物。杂化体表现出蓝色和紫蓝色两个发射峰。他们认为发射带与较大和较小的硅质单元有关。电子空穴的复合是它们发光的内在原因。2004 年，他们发现溶胶 – 凝胶衍生的基于硅氧烷基杂化产物的 PL 起源于 $-NH_2$ 基团以及硅氧烷纳米团簇中发生的电子 – 空穴重组。白光发射是由供体 – 受体对的辐射重组产生的。EPR 结果揭示了硅质纳米畴中的氧相关缺陷，其中 Si 与一个碳原子和另外两个氧原子配位，即 $\cdot O{-}O{-}Si{\equiv}(CO_2)$。他们认为，与缺陷相关的硅纳米结构域是溶胶 – 凝胶衍生的硅氧烷基杂化物的发射中心。根据卡洛斯（Carlos）等人的研究，这种有机 – 无机杂化材料具有高达 19.2% 的 QY，并具有可调的发射能力。通过制备由二维硅质结构域组成的、高度有序的双层单纳米微孔，他们发现，在有序 – 无序相变期间，其 PL 与氢键 – 酰胺阵列的湮灭和形成密切相关。

此外，聚硅氧烷具有丰富的非共价相互作用位点。因此，可以形成聚硅氧烷水凝胶。今井（Imae）等人报道了由第三代三乙氧基聚胺树状大分子和己基间隔物组成的尺寸可控的纳米和微米水凝胶，它们在高浓度下形成纤维状结构，并发出荧光，且该荧光在碱催化条件下比在酸催化条件下更强。发射强度取决于 PAMA 的代数。冯（Feng）等人将咪唑引入有机硅聚合物中构建了以草酸为交联剂的导电聚硅氧烷材料。由于咪唑基团的聚集，所制备的有机硅聚合物表现出 AIE 特征，具有黄绿色荧光。在固体有机硅材料中，聚合物链的纠缠和分子间的相互作用降低了分子振动，并通过电子重叠形成新的共轭结构，从而产生明显的荧光发射。

内野（Uchino）等人合成了一系列含有端硅酸盐基团的 N- 十八烷基硅氧烷，即 $R-SiO_{3/2}$、$R-(CH_3)SiO_{2/2}$、$R-(CH_3)_2SiO_{1/2}$（$R=C_{18}H_{37}$）。与具有相同脂肪链的类似物相比，$R-SiO_{3/2}$ 的发射强度最高，QY 为 19 ± 0.5%。实验表明，硅原子上氧的数目决定了硅原子的发光行为，有机基团在动力学上阻碍了硅醇缩合产生的亚稳缺陷对的弛豫。多面体低聚硅氧烷（POSS）衍生物基 AIE 材料是聚硅氧烷的另一个分支。常（Chang）等报道了星状聚（异丙基丙烯酰胺）-b- 多面体低聚硅氧烷（PNIPAm-b-POSS）共聚物在水中（LCST 以上）的蓝色 PL。PNIPAm-b-POSS 的 PL 是由丰富的分子内氢键约束的几何自由度和相对刚性的结构产生的。郭（Kuo）等人通过自由基聚合或肼水解制备了缺乏常见荧光基团的含有 POSS 的聚合物。红外光谱证实了 C=O 基团和 OH 基团之间存在偶极 - 偶极相互作用和氢键。这种 PL 是由 poly（MIPOSS）的结晶性和 POSS 单元锁定的 C=O 基团的团聚引起的。

1988 年，贝基亚里（Bekiari）和利亚诺斯（Liano）报道了第一个比简单叔胺更复杂的 NTIL 发射材料的例子：3- 氨基丙基三乙氧基硅烷与乙酸反应产生交联的溶胶 - 凝胶型产物，命名为氨基硅氧烷（aminosils）[图 2-7（a）]。如图 2-7（b）所示，这些材料表现出明显的亮蓝色光致发光性能（激发波长 Ex. = 370 nm；发射波长 Em. = 450 nm；QY = 21%）和黄色发射（激发波长 Ex. = 450 nm；发射波长 Em. = 500 nm；QY = 12%）。

此后不久，卡洛斯（Carlos）等人报道了通过 3- 异氰丙基三乙氧基硅烷与胺封端聚醚（Jeffamines®）反应获得的一系列脲桥接聚亚烷基 - 乙醇硅尿素桥接聚烯烃杂化产物（polyalkylene glycol-silica）具有的令人意外荧光发射。这些材料来源于如图 2-8（a）所示的尿素交联的二氧化硅基聚乙二醇重复基团（称为“二脲”）。它们在 462 nm 处表现出令人费解的蓝紫色到蓝色的发射。其他实例包括由羟基封端的聚乙烯/丙烯乙二醇醚得到的二脲烷硅氧烷（di-

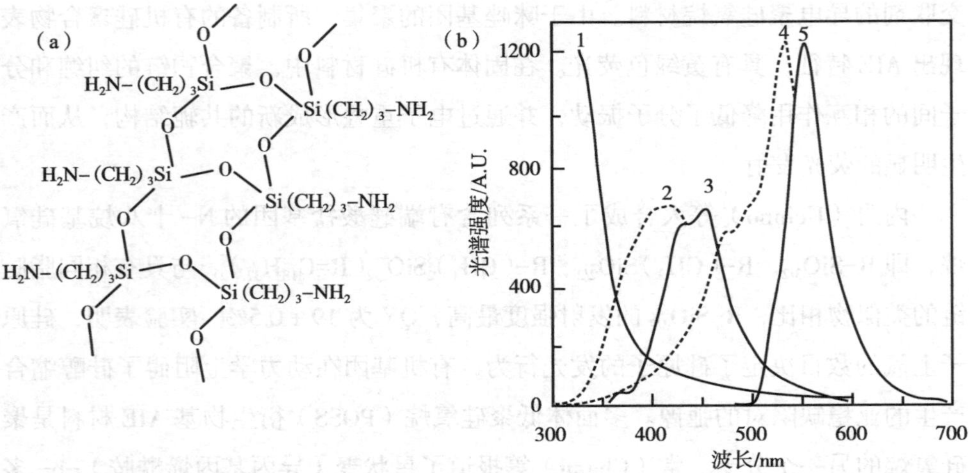

（a）由 3- 氨基丙基三乙氧基硅烷衍生的交联氨基硅氧烷的化学结构；（b）交联氨基化合物的吸收（1）、激发（2,4）和光致发光光谱（3,5）

图 2-7　氨基硅氧烷的化学结构和光物理性质

urethanesils）[图 2-8（a）]。卡洛斯（Carlos）等人观察到这类物质具有高的量子产率（QY）（QY = 20%），并且仅通过改变激发波长就能实现 450 nm ~ 540 nm 范围的红移发射，如图 2-8（b）所示，这为潜在的光学器件应用提供了有趣的可能性。

贝基亚里（Bekiari）等人对掺杂和未掺杂金属的二氧化硅 - 聚乙二醇（PEG）杂化体系进行了进一步的研究。假设发光是“电子 - 空穴复合离域”过程的结果；其中，发射中心可能位于-NH 和 C=O 基团最集中的二氧化硅团簇表面。他们还观察到，较大的团簇的发射波长较长，并且聚集似乎在增强发射强度上起着关键作用。

今井（Imae）等人报道了三乙基氧基 PAMAM 树突（G = 1–3）（图 2–9）在酸性和碱性条件下的生长可以产生美观的蓝色荧光纳米 / 微米凝胶纤维（图 2–10），它们具有独特的激发带和发射带（激发波长 Ex. = 335 nm；发射波长 Em. = 428 nm）。发射强度随着 PAMAM 树突的生成而增强。其中，以 NTIL 的发射量为标记，通过荧光显微镜和透射电镜观察了树突状的分形生长（图 2–11）。

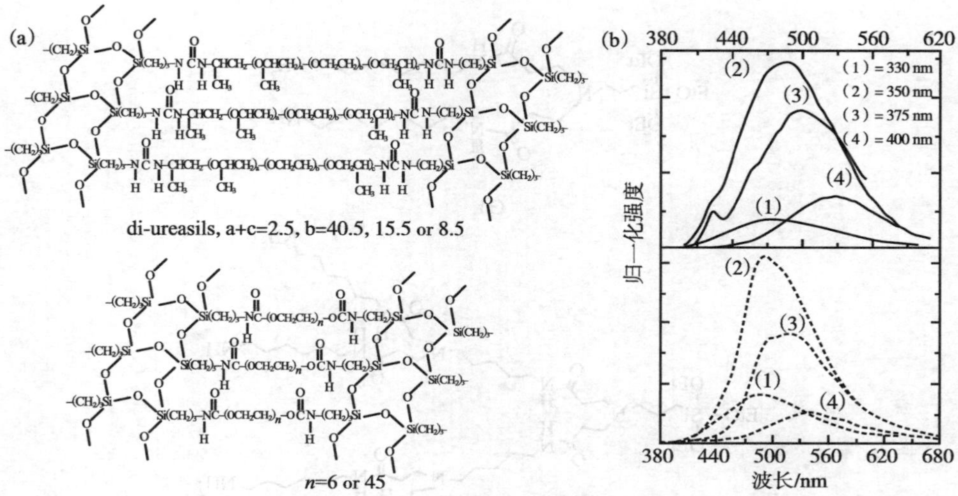

（a）二脲和二氨基甲酸乙酯的化学结构；（b）来自 Jeffamine ED-2001 的二脲（即 U-2000）和二脲乙烷在不同激发波长下的发射光谱：（1）330 nm、（2）350 nm、（3）375 nm 和（4）400 nm

图 2-8 二脲和二氨基甲酸乙酯的化学结构和光谱

卡洛斯（Carlos）等人提出，NTIL 发射源于二脲硅和二脲硅中的脲或氨基甲酸酯桥的 NH 或（NH_2）基团［图 2-10（a）］在硅氧烷纳米团簇中发生的电子 - 空穴重组。这两种组分参与了典型的供体 - 受体对的辐射重组机制，光诱导质子在缺陷 NH_2^+ 和 N^- 之间的转移（即在双脲嘧啶和双脲嘧啶中）被认为是材料发光的真正源头。EPR 表明，这一机制与 NH 组分附近的硅质纳米结构域中的氧相关缺陷有关。有趣的是，与今井（Imae）的工作相关的卡洛斯（Carlos）等人证实了在双层酰胺交联的烷基 / 硅氧烷杂化体（即单酰胺）中观察到的蓝色荧光 NTIL 与酰胺部分的分子间氢键有关。如图 2-12 所示，通过在室温和 120℃之间的加热 / 冷却循环，实现可逆的有序 - 无序相变，热激活了光致发光记忆效应。更具体地说，观察到的单酰胺杂化物（monoamidosil）的光致发光响应于有序 - 无序相变过程中氢键键合的酰胺 - 酰胺阵列的湮灭 / 形成，并且显示出纳米级的灵敏度，而通常情况下，光致发光是由发射器探针周围局部环境的动力学决定的。

西村（Nishimura）等人报道了在 400℃下适当退火 2 小时后的强发射 n- 十八烷基硅氧烷（低聚物 / 聚合物；有机 - 无机杂化体）表现出典型的 NTIL 特

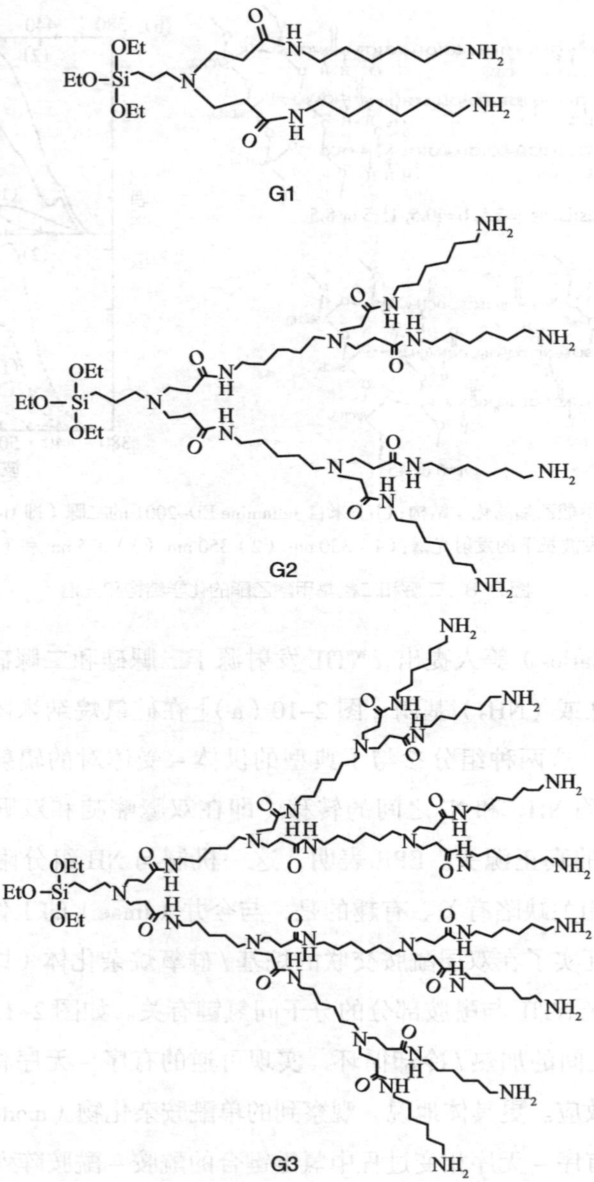

图 2-9　dendri-poly（amidoamine）-（NH_2）$_n$；（G = 1-3）；PAMAM dendrons. 的化学结构

性（激发波长 Ex. = 350 nm；发射波长 Em. = 425 nm）和非常高的 QY（20%）。有证据表明，硅氧部分是 NTIL 产生的原因，而不是碳成分。随后，他们提出

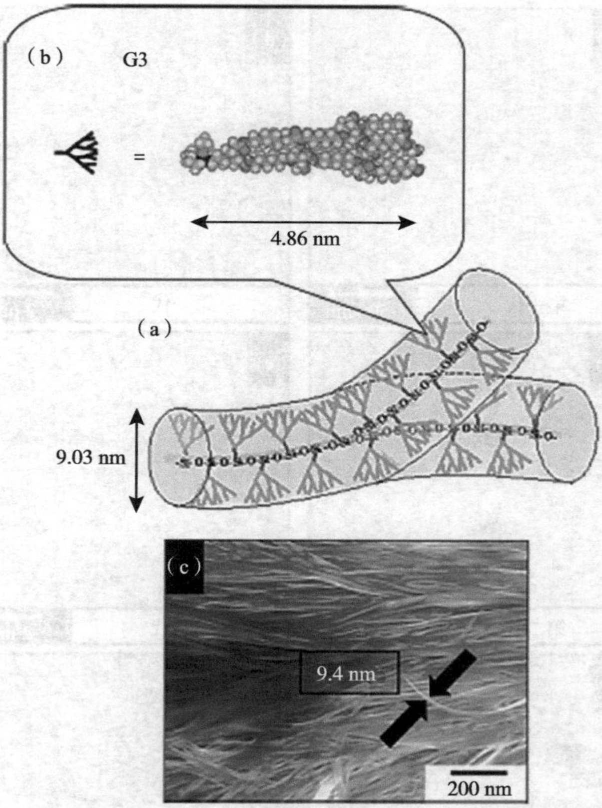

(a)纤维的示意图;(b)G = 3 的树突分子图;(c)微凝胶的 SEM 图(微凝胶属于微米级的凝胶颗粒,是一种具有分子内交联结构的聚合物微粒,具有优良的加工性能和施工性能,可用来对涂料进行改性,增强漆膜的力学性能和耐久性)

图 2-10 纤维的示意图和微凝胶的扫描电子显微镜(SEM)图

了一种基于硅醇基团浓度的荧光发射机制,认为硅醇基团可以在退火过程中通过缩合反应转化为发射中心和电子捕获中心。

星形支链硅结构与连接到侧多面体低聚硅氧烷(POSS)部分的外周 N- 异丙基丙烯酰胺表面官能团相互作用,产生了强的 NTIL 性质,该特性随温度变化而变化。基于外周 N- 异丙基丙烯酰胺部分,这些材料表现出较低的临界溶解温度(LCST)特征,在水中(LCST 以上)观察到了强烈的蓝色荧光。

卢(Lu)等人合成了一种有趣的硅氧烷 - 聚(酰胺胺)树状大分子,这是 PAMAM 树状大分子的 Si 杂化类似物,在树枝状主链中含有硅氧烷部分(图

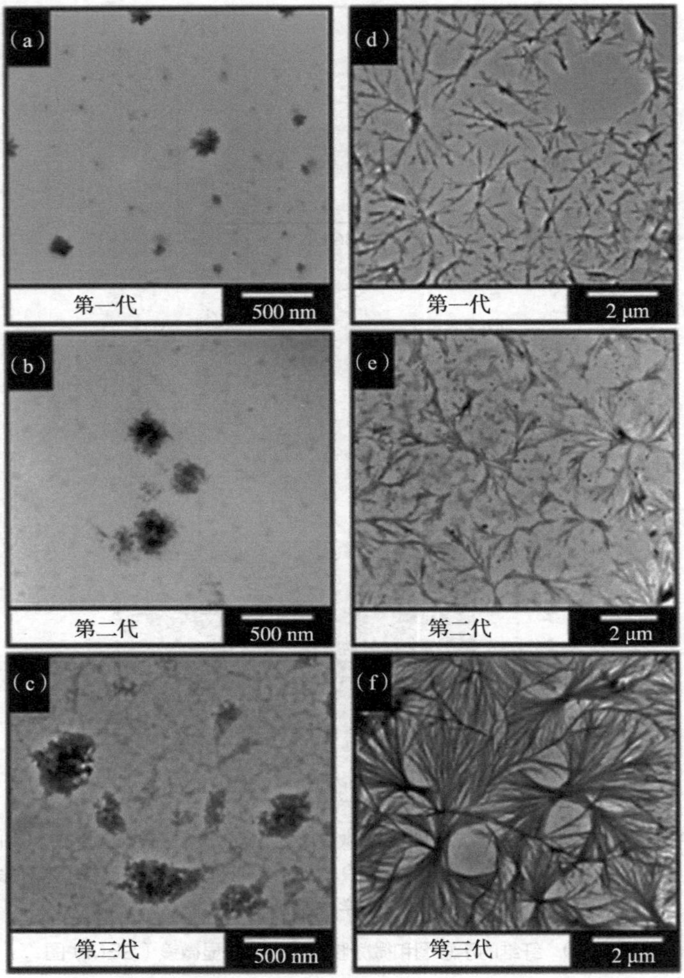

(a–c) 酸催化的；(d–f) 碱催化的

图 2-11　G = 1 ~ 3 的树突水凝胶的透射电镜图像

2–13)。值得注意的是，即使没有氧化叔胺分支位点，这类物质的 NTIL 发射特性(激发波长 Ex. = 363 nm；发射波长 Em. = 435 nm)也非常强，这表明与最初的 PAMAM 树状大分子观察结果相比，Si 整合到主链中显著增强了 NTIL 发射性能(图 2–14)。

据推测，这种增强的发射特性是由于 N → Si 的配位以及羰基的聚集和团簇化引起的。在较低的 pH 值下，这种蓝色发射强度增强，并且随着树突分子

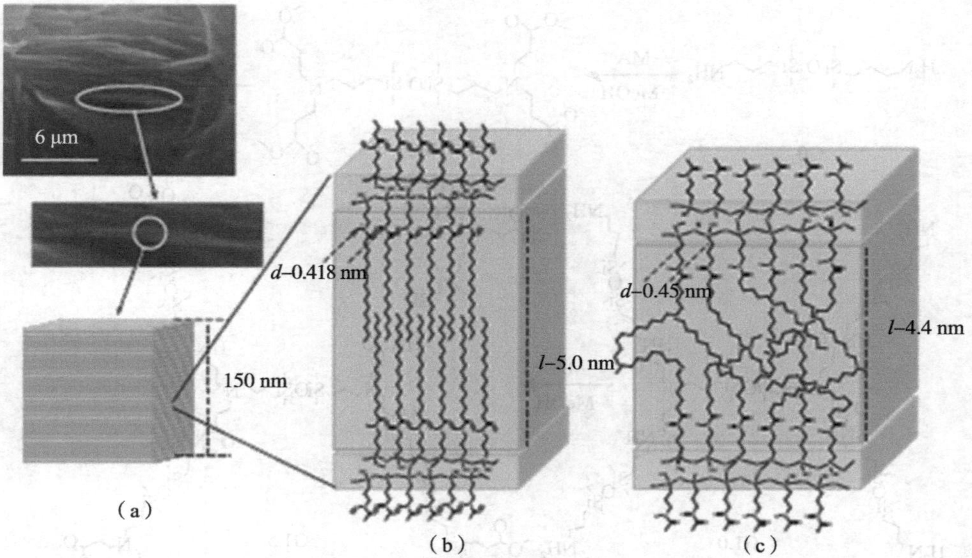

（a）一堆双层组成的晶体的横截面；（b–c）室温和 120℃时的双分子层

图 2–12　单酰胺杂化物的扫描电子显微镜（SEM）图像和示意图

的代数变化。然而，这种蓝色发光随着温度的升高而减弱，并且可以被 Fe^{3+} 和 Hg^{2+} 离子迅速猝灭。穆罕默德（Mohamed）等人合成了一系列含有 N- 多面体低聚硅氧烷（POSS）马来酰亚胺基团的线性聚（苯乙烯）基交替共聚物（图 2–15），并发现其具有很强的 NTIL 发射特性（激发波长 Ex. = 330 nm；发射波长 Em. = 490 ~ 519 nm），QY 范围为 7% ~ 72.5%。如牛（Niu）等人所报道的，具有杂原子的亚氟羟基和缩水甘油醚表面基团的新型超支化聚硅氧烷聚合物（图 2–15），即使在稀溶液中，也表现出很强的蓝色 NTIL 发射特性（激发波长 Ex. = 353 nm；发射波长 Em. = 405 nm，430 nm）。如 405 nm 处的发射减少和 430 nm 处的发射增加所证明的，增加这些超支化硅氧烷聚合物的浓度有利于 AIE，其中最强烈的发射发生在 100% 固态中。这些研究表明，NTIL 发射是与亚发光体相关（例如羟基和环氧基）的富氧杂原子的聚集导致的。

2017 年，卢（Lu）等人制备了简单的硅和碳类似物，并研究了 Si–O 单元对 NTIL 发射的作用，其表现出如图 2–16 所示的 NTIL 性质。从这一比较中，他们获得了团簇触发发射（CTE）事件的证据，该事件包含由 Si 与杂原子配位

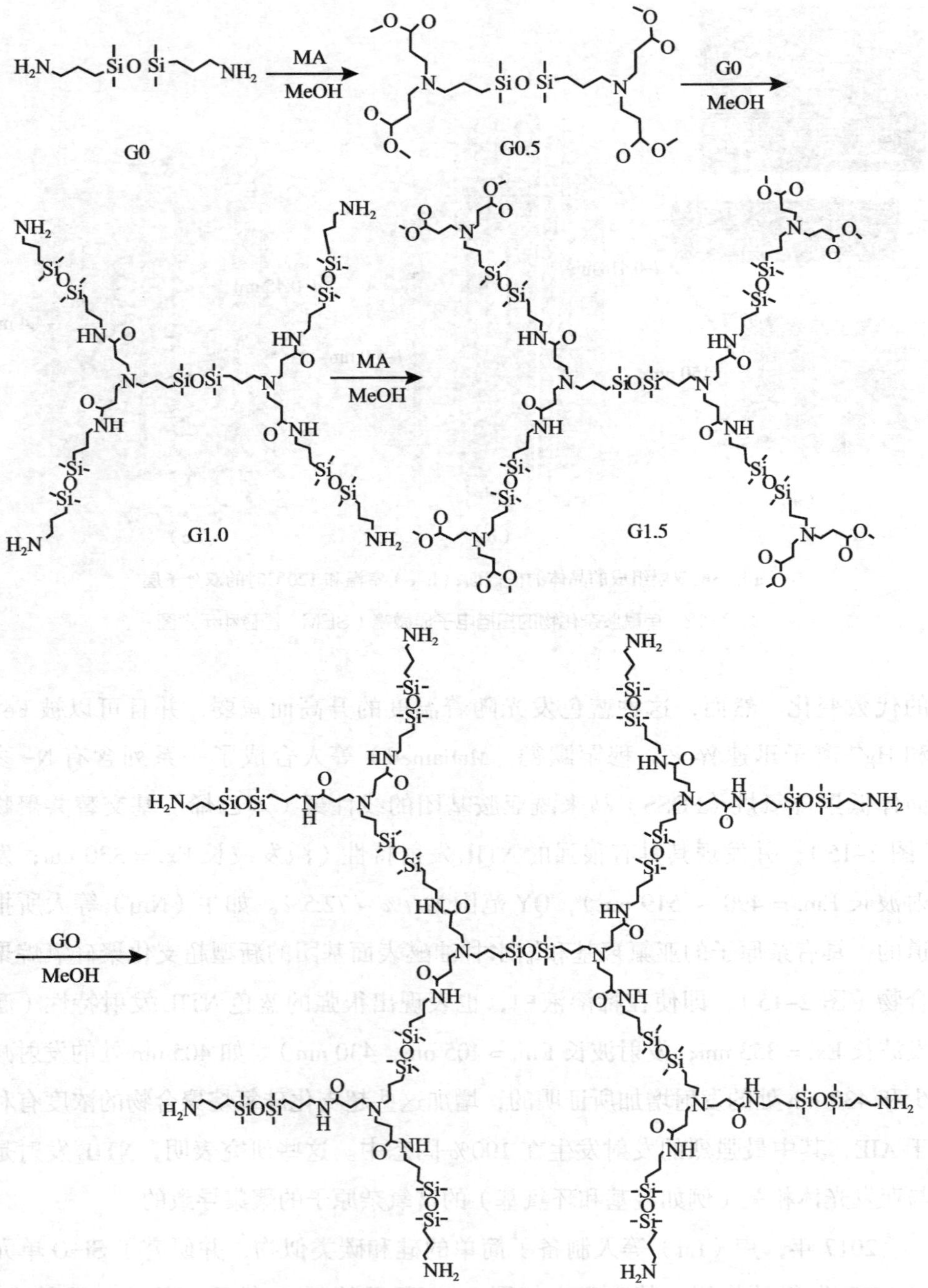

图 2-13 Si-PAMAM 树状大分子的合成路线

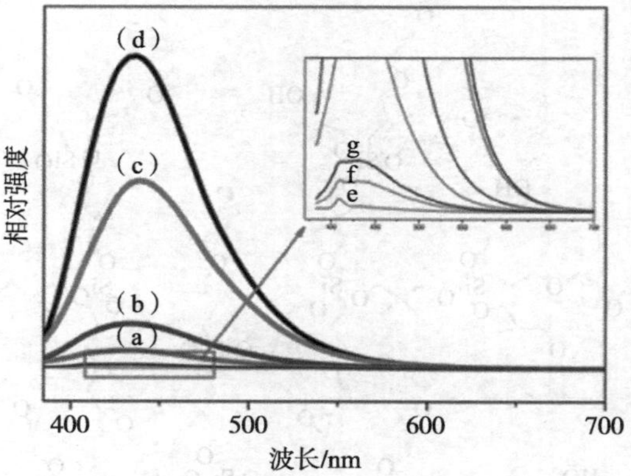

（a）G = 0.5；（b）G = 1.0；（c）G = 1.5；（d）G = 2.0；（e）G = 0.5；（f）G = 1.0；（G）G = 1.5

图 2-14　Si-PAMAM 树状大分子（G = 0.5-2.0）和 C-PMMA 树状大分子（G = 0.5-G = 1.5）在 353 nm 处激发的荧光光谱

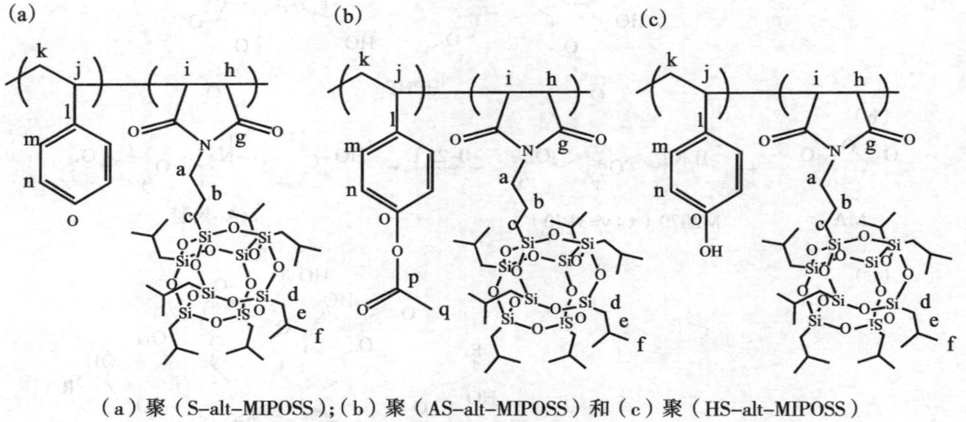

（a）聚（S-alt-MIPOSS）；（b）聚（AS-alt-MIPOSS）和（c）聚（HS-alt-MIPOSS）

图 2-15　共聚物的化学结构

而导致的“硅诱导的聚集”。如图 2-17 所示，类似不含硅的 BCCN 和含硅的 BSCN 化合物之间的 NTIL 发射强度比较。显然，涉及 Si 的 CTE 机制是通过分子结构刚性化以及氰基的聚集来增强 NTIL 发射的，从而跨空间交流提供更有效的发射。这些近距离交流包括孤对电子之间的重叠和 π 电子、偶极 - 偶极相互作用和 n-π 相互作用导致的扩展电子共轭，因此促进了随后的激发、辐射失活和增强的 NTIL 发射。

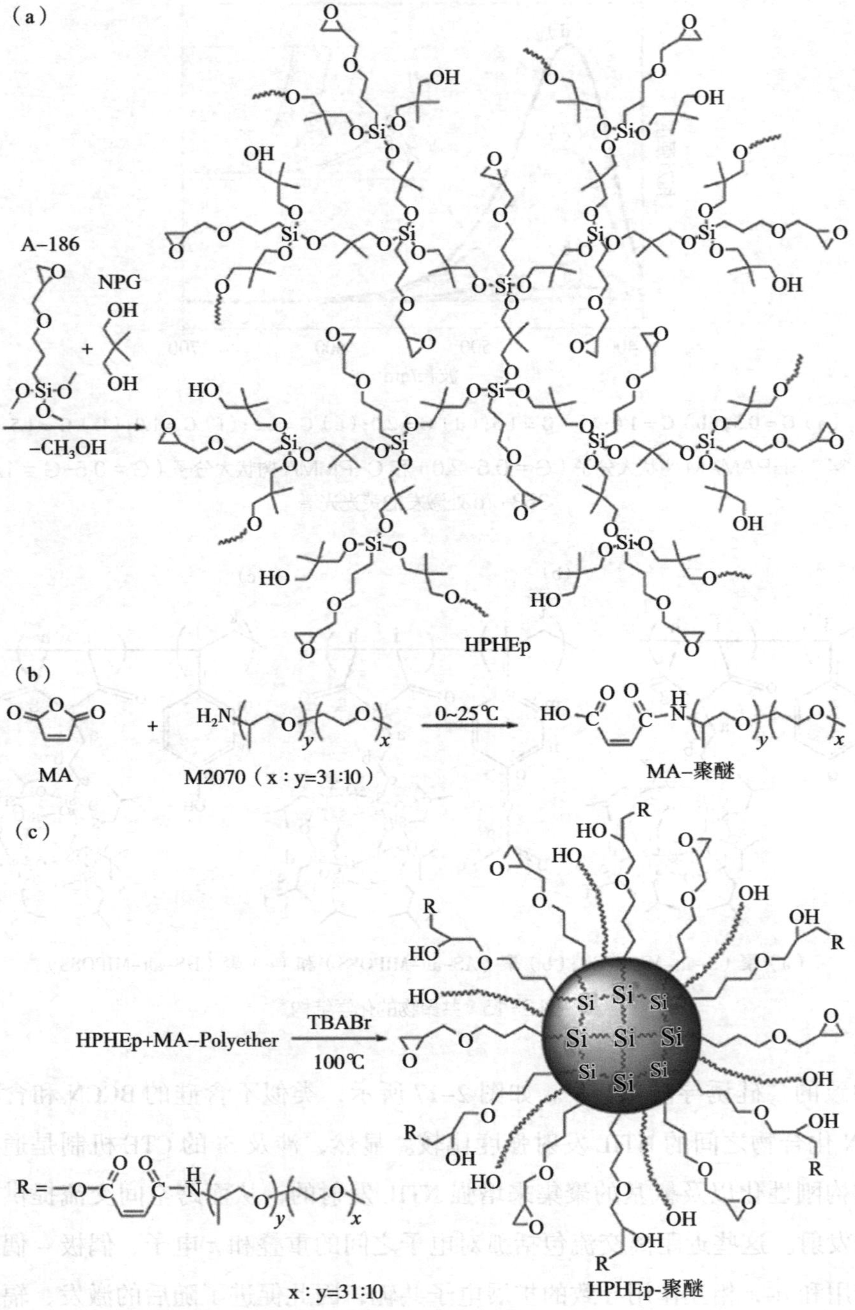

（a）HPHEp；（b）MA 聚醚和（c）HPHEp- 聚醚的合成路线

图 2-16　共聚物的化学结构

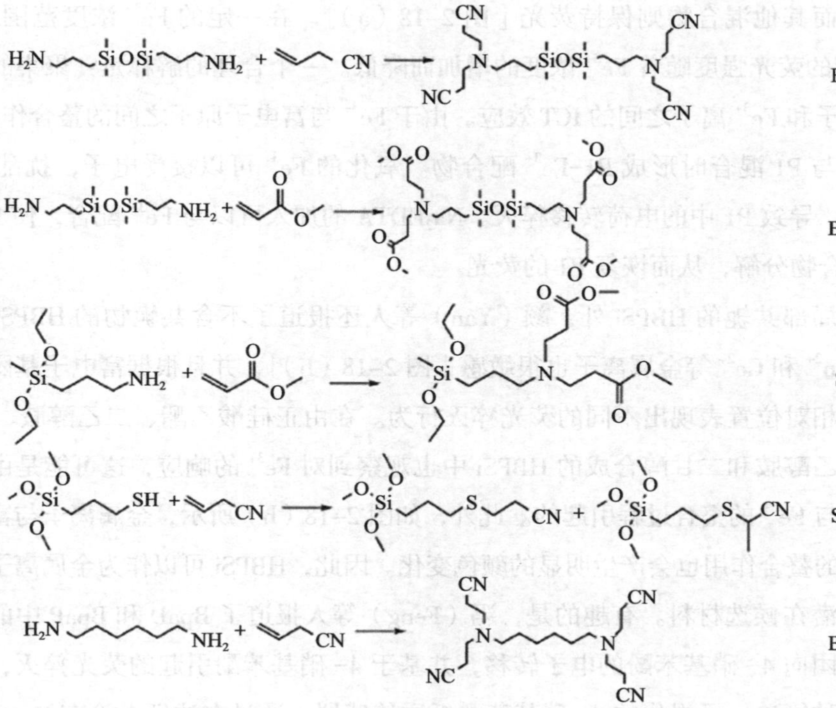

图 2-17　荧光化合物的合成路线和化学结构

2.7　非传统发光聚硅氧烷的应用

非传统聚硅氧烷由于具有良好的水溶性、生物相容性和环境友好性，在加密、生物成像、传感、可视化药物传递和控释方面具有广阔的应用前景。

2.7.1　传感

非传统聚硅氧烷具有良好的水溶性和低毒性，是分子生物学、分析化学、环境监测和临床诊断等领域潜在的荧光探针。TSC 是由富电子原子聚集产生的，会被缺电子化合物干扰，并表现出刺激响应性。例如，含有共轭 O=C–O–Si–C=C 段的 P1 对 Fe^{3+} 敏感。在 P1 溶液中加入等量的 Ba^{2+}、Na^{+}、Ca^{2+}、Hg^{2+}、Cd^{2+}、Al^{3+}、Fe^{3+}、Cu^{2+}、Zn^{2+}、Co^{2+} 和 Fe^{2+} 后，Fe^{3+} 和 P1 的混合物呈现猝灭的荧光，而其他混合物则保持荧光［图 2–18（a）］。在一定的 Fe^{3+} 浓度范围内，P1 溶液的荧光强度随着 Fe^{3+} 浓度的增加而降低。一个合理的解释是：聚集的富电子原子和 Fe^{3+} 离子之间的 ICT 效应。由于 Fe^{3+} 与富电子原子之间的螯合作用，当 Fe^{3+} 与 P1 混合时形成 P1–Fe^{3+} 配合物。氧化的 Fe^{3+} 可以接受电子，扰乱 P1 的 TSC，导致 P1 中的电荷转移猝灭。Na_2EDTA 的加入可以与 Fe^{3+} 配合，使 P1–Fe^{3+} 络合物分解，从而恢复 P1 的荧光。

除局部共轭的 HBPSi 外，颜（Yan）等人还报道了不含共轭物的 HBPSi 对 Fe^{3+}、Cu^{2+} 和 Co^{2+} 等金属离子也很敏感［图 2–18（b）］，并且根据富电子基团的含量和相对位置表现出不同的荧光猝灭行为。在由正硅酸乙酯、二乙醇胺、N–甲基二乙醇胺和二甘醇合成的 HBPSi 中也观察到对 Fe^{3+} 的响应，这可能是由孤对电子与 Fe^{3+} 的螯合过程引起的。此外，如图 2–18（b）所示，金属离子与富电子原子的螯合作用也会产生明显的颜色变化。因此，HBPSi 可以作为金属离子传感器的潜在候选材料。有趣的是，冯（Feng）等人报道了 BpaD 和 BpaP 中的三苯胺基团向 4– 硝基苯酚的电子转移，并基于 4– 硝基苯酚引起的荧光猝灭，开发了一种简单、可视化的 4– 硝基苯酚纸质传感器。通过在滤纸上涂布 BpaD 或 BpaP，制备了纸质传感器。图 2–18（c）显示了 4– 硝基苯酚出现后 BpaD 或 BpaP 纸的荧光猝灭。该方法为 4– 硝基苯酚的检测提供了一种方便、直观的检测方法，检测限分别为 0.6 μM（BpaD）和 0.23 μM（BpaP），浓度范围为 0 ~ 50 μM。

2.7.2 防伪和数据加密

利用 HBPSi 的荧光特性，其衍生物可用于潜在指纹成像和数据加密。图 2–19（a）为潜指纹的蓝色荧光成像。具有次要细节特征的高质量图像表明聚合物在指纹脊上具有优先黏附性。白（Bai）等人用 HBPSi“墨水”在滤纸上画出“XUST”和“NO”。在日光下，只能看到用正常墨水书写的字母［图 2–19（b）］。然后，通过紫外线激发便可使蓝色的“XUST”和“NO”字体显现，显示出 HBPSi 的紫外线触发的防伪能力。

基于刺激响应特性，聚硅氧烷具有很大的数据加密潜力。颜（Yan）等人报道了一种具有数据加密能力的 HBPSi，这种能力来源于 Fe^{3+} 的荧光猝灭效应。

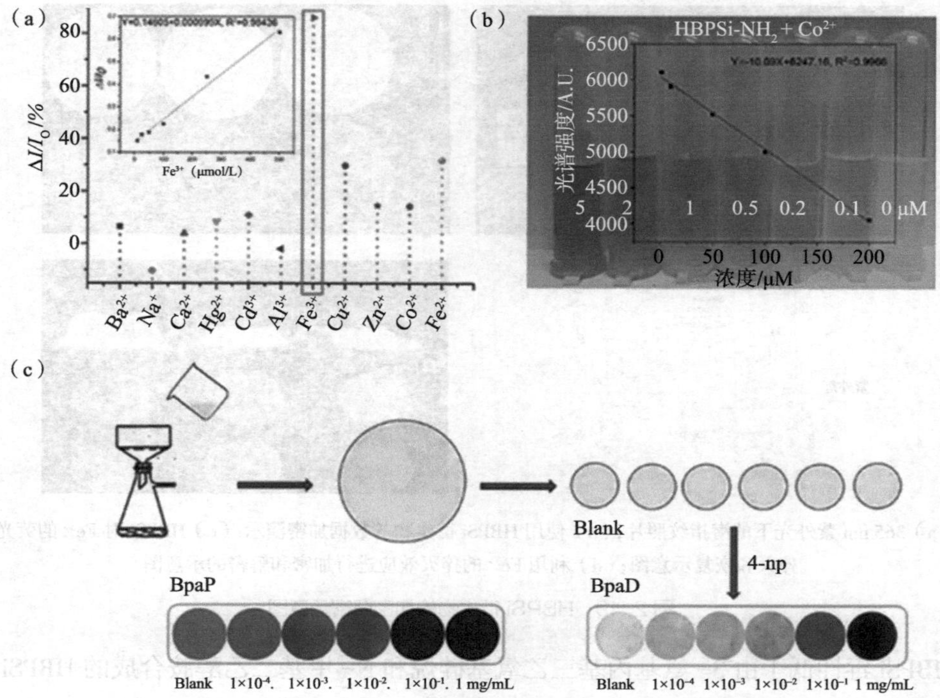

（a）在多种金属离子的作用下 P1 的荧光强度变化；（b）在 Co^{2+} 作用下 HBPSi 的颜色和荧光变化；（c）BpaD 和 BpaP 传感器的制备

图 2-18　P1 和 HBPSi 的荧光传感

以 Na_2EDTA 为油墨，HBPSi 涂布防伪纸在紫外光下呈蓝色发光，实现了信息加密。由于 Na_2EDTA 能够保护 HBPSi 的发光免受 Fe^{3+} 引起的猝灭，当涂上一种“钥匙”，即 Fe^{3+} 溶液时，只有在紫外光下才会显示出带有蓝色发光的“AIE 20”字样。如图 2-19（d）所示，HBPSi 不会改变纸张的外观，因此可以作为一种方便的数据加密工具。

2.7.3　生物成像

与传统的 π 共轭 AIE 发光基团相比，非传统聚硅氧烷具有水溶性和良好的生物相容性，在生物成像方面具有独特的优势。由于反应物单体的不同，HBPSi 表现出不同的细胞毒性。例如，由二甘醇和 3- 氨基丙基三乙氧基硅烷合成的

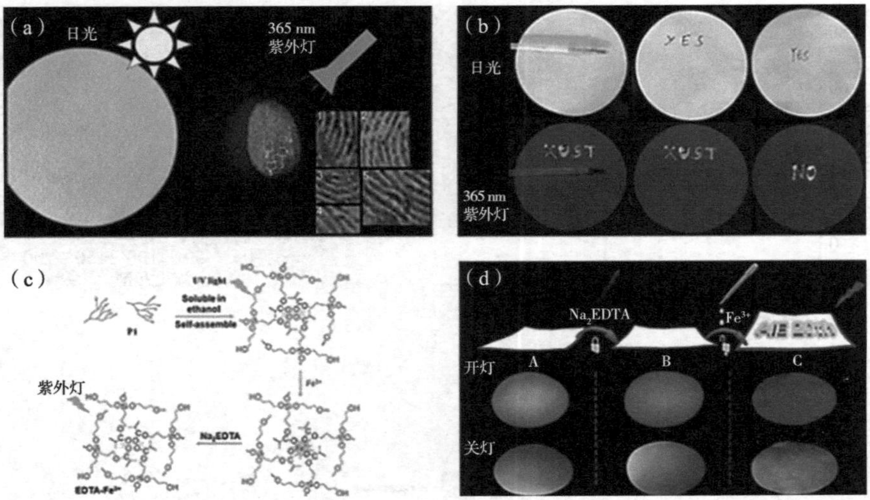

(a) 365 nm 紫外光下的潜指纹照片；(b) 使用 HBPSi 衍生物的数据加密演示；(c) HBPSi 对 Fe^{3+} 的荧光猝灭和恢复示意图；(d) 利用 Fe^{3+} 的猝灭效应进行加密和解密的示意图

图 2-19　HBPSi 衍生物的加密解密示意图

HBPSi 毒性低于由 3- 氨基丙基三乙氧基硅烷和 N- 甲基二乙醇胺合成的 HBPSi。此外，带正电的氨基 HBPSi 会诱导细胞死亡。L- 谷氨酸或 β-CD 的修饰可以降低 HBPSi 的细胞毒性，HBPSi 衍生物的毒性与 L- 谷氨酸或 β-CD 的用量有关。例如，当 HBPSi-CD 浓度达到 5 mg/mL 时，60% 以上的细胞存活。HBPSi-GA 与小鼠成骨细胞在 37℃下孵育 16 小时后，细胞呈现蓝色发光。HBPSi 及其衍生物可以照亮细胞，并在生物成像中显示出高效的应用能力。

林（Lin）等人制备了一种基于聚硅氧烷的荧光希夫碱（P1），用于铁死亡过程的成像。聚硅氧烷主链发射出蓝色荧光。最初，罗丹明 B 处于“关闭”状态。在 Fe^{3+} 存在下，聚硅氧烷主链的荧光随着罗丹明 B 切换到“打开”状态而猝灭。P1 选择性穿透凋亡的 HeLa 细胞，并通过开关荧光发射原位监测 Fe^{3+} 诱导的凋亡。

2.7.4　可视化给药和控释

由于非传统聚硅氧烷具有良好的水溶性、生物相容性和环境友好性，在药物输送和控制释放等生物领域的应用日益受到关注。颜（Yan）等人通过将

AS1411 适体与 HBPSi 共价连接，制造了靶向细胞的 HBPSi-Apt，并将其用作按需靶向细胞和细胞内药物释放的视觉跟踪器。与正常细胞相比，AS1411 适体使 HBPSi 选择性地与过表达核蛋白的癌细胞结合，证实了其按需给药的能力。当负载荧光阿霉素（doxorubicin，DOX）时，观察细胞内药物积累和释放。从图 2-20（a）中可以看出，HBPSi-Apt@DOX 培养细胞的细胞质内呈现均匀分布的蓝色荧光，细胞核呈现随时间变化的红色荧光，这与药物释放过程一致。由于 HBPSi 中存在大量氨基，HBPSi-Apt 中存在二硫键，HBPSi-Apt@DOX 表现出 pH 和谷胱甘肽（glutathione，GSH）的双响应性药物释放行为［图 2-20（b）］。酸性和碱性条件影响 HBPSi-Apt@DOX 的电荷，进而形成不同的静电相互作用，从而加速了 pH 值 5.0 下 DOX 的释放。GSH 的存在裂解了 HBPSi-Apt 中的二硫键，暴露了 HBPSi 内核，导致 DOX 释放率提升。

末端修饰使 HBPSi 具有可控的药物释放能力。β-CD 内部的疏水空腔是一种优良的疏水药物载体，通过 β-CD 的修饰，可以使 HBPSi 的载药量从 80.0 mg/g 提高到 160.0 mg/g，并具有 pH 响应可控释放特性。与疏水油酸的连接也增加了 HBPSi 的布洛芬负载能力，由于自组装结构中的疏水核心，其负载能力达到 470 mg/g。布洛芬在 pH 值为 5.5 或 6.4 的溶液中的释放速度明显快于 pH 值为 7.4 的溶液［图 2-20（d）］。pH 控制的药物释放行为是由 HBPSi 衍生物与布洛芬之间的静电相互作用引起的。在酸性缓冲液中，HBPSi 衍生物和布洛芬都带正电荷，因此电荷斥力促进药物释放。相反，在 pH 值为 7.4 时，布洛芬的表面电荷变为负电荷，电荷吸引力抑制其释放。

丰富的末端基团也使 HBPSi 成为响应性药物前体的优秀候选者。通过与 3,3′- 二硫代二丙酸酐和 10- 羟基喜树碱的连续连接，颜（Yan）等人制备了一种 HBPSi 前药，该药物具有 pH 和氧化还原双响应性药物释放行为。酯键使 HBPSi 前药具有 pH 响应特性，而 3,3′- 二硫代二丙酸酐中的二硫键为 HBPSi 带来了氧化还原响应特性。pH 和 GSH 协同作用，使 HBPSi 在生理条件下稳定，并在瘤内适当 pH 和 GSH 下爆发药物释放。体内抗肿瘤实验显示了有效的抗肿瘤效果，15 天内总肿瘤抑制率为 27%［图 2-20（g）和图 2-20（h）］。此外，HBPSi 的荧光特性也使得药物在体内的传递和释放可视化［图 2-20（f）］。

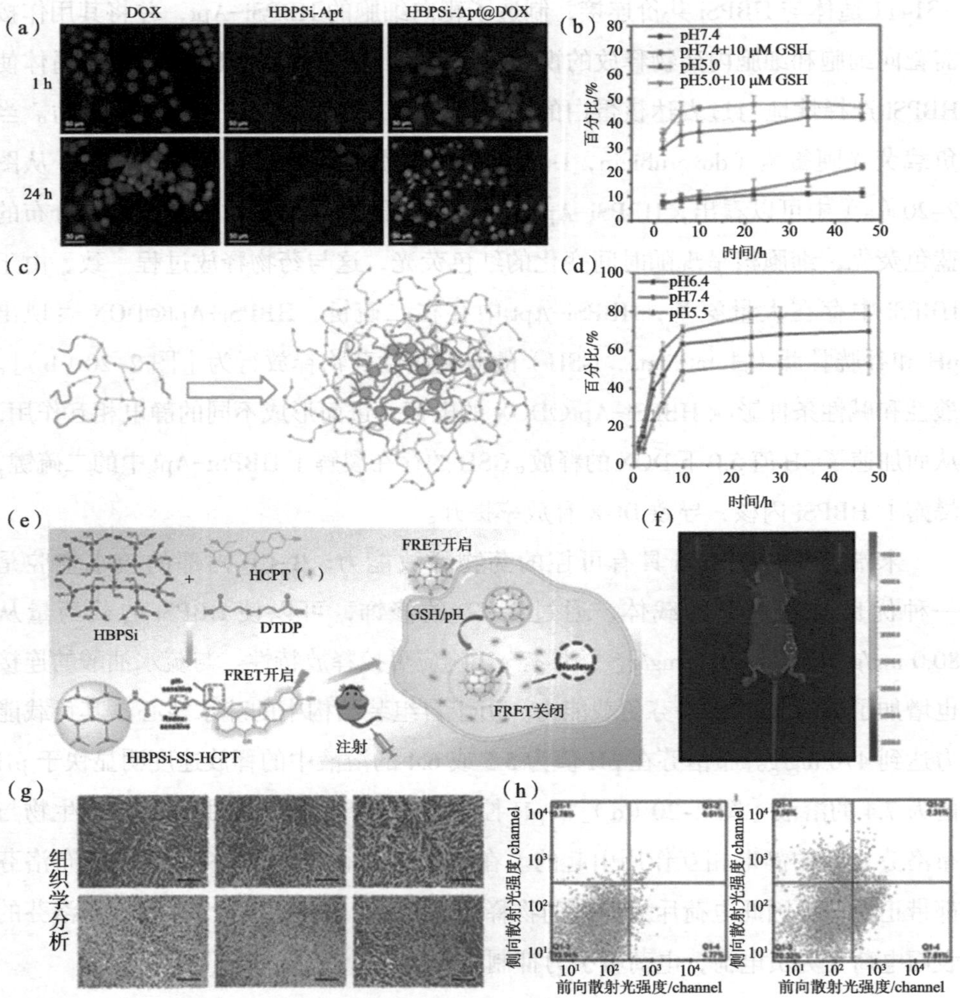

（a）HBPSi-Apt@DOX 细胞内跟踪的共聚焦激光扫描显微镜图像；（b）pH 和 GSH 双响应 DOX 释放 HBPSi-Apt@DOX，HBPSi-OA 的布洛芬负载（c）和 pH 控释（d）过程示意图；（e）HBPSi-Apt@DOX 的体内药物释放行为示意图；（f）荷瘤小鼠注射 HBPSi-Apt@DOX 后的体内荧光成像；（g）肿瘤组织组织学分析；（h）对照组和实验组肿瘤细胞的流式细胞术点图

图 2-20　HBPSi-Apt@DOX 电场测试

2.7.5 OLED

一般来说，由于没有大的共轭结构，非传统发光材料具有相对较低的 QY。因此，它们被认为不适用于对 PL 性能要求较高的有机发光二极管（OLED）。

然而，程（Cheng）等人以 3,6- 二芘咔唑 -POSS 为原料，制备了具有更高荧光纯度和 QY 的 3 层 OLED 器件（POSS-DPCz）。POSS 纳米粒子作为增容剂，促进了三维结构的形成，增强了发色团的颜色稳定性。具体而言，该 3 层 OLED 器件在 450 nm 处的发光效率为 1.4 cd/A，最大亮度为 8900 cd/m^2。张（Zhang）等人设计了一种基于含有聚羟基聚氨酯的线性硅氧烷的白光 LED。灵活的 Si-O-Si 段有利于羟聚氨酯发色团的聚集，带来 8222 cd/m^2 的高亮度。上述 OLED 器件有助于实现具有增强发光效率的聚硅氧烷照明器件。

2.8　本章小结

本章总结了近年来具有非共轭结构的非传统发光聚硅氧烷的研究进展。聚硅氧烷一般由 Si-O-Si 或 Si-O-C 链段与其他富电子助色团（如羟基、氨基、羰基、醚等）组成。聚硅氧烷所具有的独特发光行为与其柔性 Si-O 键引起的聚集和富电子原子产生的电子离域有关。随着聚硅氧烷聚集体中分子距离的减小，富电子基团的电子云相互重叠，产生电子离域，降低激发能，使分子构象趋于刚性，最终促进 PL 过程。硅原子的空三维轨道可以在聚硅氧烷中产生 N → Si 和 O → Si 等配位键，改变材料的电子离域，促使材料发生辐射跃迁。对于含有 Si-O-C 链段的 HBPSi，其独特的键角使 HBPSi 同时具有良好的柔韧性和刚性，从而增强发光特性，如增强的 QY 和多色荧光。

非传统聚硅氧烷的发光机理可以用硅原子产生的具有几个独特特征的 CTE 机理来很好地解释。利用 Si 原子的空 3d 轨道，可以与富电子原子形成配位键。例如，在非传统聚硅氧烷中发现了 N → Si、O → Si 和 S → Si 配位键。这些配位键在两个方面有利于聚硅氧烷的荧光。一方面，它们增强了分子聚集，有利于形成簇状发色团，显示出强 PL；另一方面，它们可以在 Si 原子中产生 d-d 轨道分裂。分裂 d 轨道上的电子可以吸收紫外线能量并产生辐射跃迁，从而导致 PL 增强。此外，与采用碳骨架的聚合物相比，含硅骨架的聚硅氧烷中具有优越的柔韧性，通过促进分子聚集进一步增强了 PL。由于含有丰富的富电子原子，在非传统聚硅氧烷的聚集体中不仅可以形成氢键，还可以形成 O 和 N 原子的相互作用和配位键。这些分子间 / 分子内的相互作用驱动富电子原子的聚集，使它们聚集在一起。这些富含电子原子的电子云相互重叠，通过 TSC 产生“簇状发色团”。随着能级的增加，HOMO 和 LUMO 之间的能隙减小，从而有利于激发。跨空间相互作用也有利于非传统聚硅氧烷的分子构象固化，从而有利于辐射跃迁。

近年来，聚硅氧烷以其优异的光物理性能引起了人们的广泛关注，并在结构改进、机理探索和应用扩展等方面取得了显著进展。然而，具有 AIE 行为的非传统发光聚硅氧烷仍然存在 QY 低、荧光寿命短、PL 机制不明确等缺点。因此，聚硅氧烷的进一步发展可能包括几个方面。

（1）开发水溶性好、QY 高、红外发光的聚硅氧烷，这对扩大其实际应用范围具有重要意义。

（2）揭示聚硅氧烷的发光机理，这对统一非传统发光材料的设计原则具有至关重要的意义。迄今为止，聚硅氧烷的发射机理仍存在争议。一些研究者认为，它们的发光来自 Si 原子在 3d 分裂轨道上 N → Si 和 O → Si 配位键的跨空间电子重排。而另一些研究者则认为，由 Si-O 键和其他助色团产生的 TSC 导致了 PL 的发射。强调 Si 原子在 CTE 机制中承担的角色可能会为理解聚硅氧烷的发射行为提供一条新的途径。

（3）为了精确控制聚硅氧烷的拓扑结构，探索新的合成方法是至关重要的：除了常用的硅氢化反应、水解缩聚反应、酯交换缩聚反应等方法，原子转移、自由基聚合和质子转移聚合也有助于获得非传统发光聚硅氧烷。研究者们相信，对聚硅氧烷的发光行为理解将有助于揭示非传统发光基团的发射机理，并进一步扩大非传统发光材料的应用范围。

参考文献

[1] BEKIARI V, LIANOS P. Characterization of photoluminescence from a material made by interaction of (3-aminopropyl) triethoxysilane with acetic acid [J]. Langmuir, 1998, 14 (13): 3459-3461.

[2] CARLOS L D, SA FERREIRA R A, PEREIRA R N, et al. White-light emission of amine-functionalized organic/inorganic hybrids: emitting centers and recombination mechanisms [J]. The Journal of Physical Chemistry B, 2004, 108 (39): 14924-14932.

[3] CARLOS L D, SA FERREIRA R A, DE ZEA BERMUDEZ V, et al. Full-color phosphors from amine-functionalized crosslinked hybrids lacking metal activator ions [J]. Advanced Functional Materials, 2001, 11 (2): 111-115.

[4] ONOSHIMA D, IMAE T. Dendritic nano- and microhydrogels fabricated by triethoxysilyl focal dendrons [J]. Soft Matter, 2006, 2 (2): 141-148.

[5] MOHAMED M G, HSU K C, HONG J L, et al. Unexpected fluorescence from maleimide containing polyhedral oligomeric silsesquioxanes: nanoparticle and sequence distribution analyses of polystyrene-based alternating copolymers [J]. Polymer Chemistry, 2016, 7 (1): 135-145.

[6] NIU S, YAN H X, LI S, et al. Bright blue photoluminescence emitted from the novel hyperbranched polysiloxane-containing unconventional chromogens [J]. Macromolecular Chemistry and Physics, 2016, 217 (10): 1185-1190.

[7] NIU S, YAN H X, CHEN Z Y, et al. Hydrosoluble aliphatic tertiary amine-containing hyperbranched polysiloxanes with bright blue photoluminescence [J]. RSC Advances, 2016, 6 (108): 106742-106753.

[8] NIU S, YAN H X, CHEN Z Y, et al. Water-soluble blue fluorescence-emitting hyperbranched polysiloxanes simultaneously containing hydroxyl and primary amine groups [J]. Macromolecular Rapid Communications, 2016, 37 (2): 136-142.

[9] NIU S, YAN H X, LI S, et al. A multifunctional silicon-containing hyperbranched epoxy: controlled synthesis, toughening bismaleimide and fluorescent properties [J]. Journal of Materials Chemistry C, 2016, 4 (29): 6881-6893.

[10] NIU S, YAN H X. Novel hyperbranched polysiloxanes containing acetoacetyl groups synthesized through transesterification reaction [J]. Macromolecular Rapid Communications, 2015, 36 (8): 739-743.

[11] LU H, FENG L L, LI S S, et al. Unexpected strong blue photoluminescence produced from the aggregation of unconventional chromophores in novel siloxane-poly (amidoamine) dendrimers [J]. Macromolecules, 2015, 48 (3): 476-482.

[12] BAI L H, YAN H X, BAI T, et al. High fluorescent hyperbranched polysiloxane containing β-cyclodextrin for cell imaging and drug delivery [J]. Biomacromolecules, 2019, 20 (11):

4230–4240.

[13] ZHAO Y，LIU B，LOU R，et al. Construction of hyperbranched polysiloxane-based multifunctional fluorescent prodrug for preferential cellular uptake and dual-responsive drug release [J]. Biomaterials Advances，2022，137：212848.

[14] ZHANG H K，TANG B Z. Through-space interactions in clusteroluminescence [J]. JACS Au，2021，1（11）：1805–1814.

[15] HE Y Y，FENG W X，QIAO Y J，et al. Hyperbranched polyborosiloxanes：non-traditional luminescent polymers with red delayed fluorescence [J]. Angewandte Chemie International Edition，2023，62（32）：e202312571.

[16] FENG W X，YAN L R，YAN H X，et al. Eu^{3+} coordinated hyperbranched polysiloxane with multicolor emission and long fluorescence lifetime [J]. Chinese Journal of Chemistry，2023，41（17）：2082–2088.

[17] BAI T，ZHANG Y S，WANG L，et al. Construction of fluorescent hyperbranched polysiloxane-based clusteroluminogens with enhanced quantum yield and efficient cellular lighting [J]. Aggregate，2022，4（3）：e267.

[18] BAI L H，YANG P F，GUO L L，et al. Truly multicolor emissive hyperbranched polysiloxane：synthesis，mechanism study，and visualization of controlled drug release [J]. Biomacromolecules，2022，23（3）：1041–1051.

[19] FENG Y B，YAN H X，DING F，et al. Multiring-induced multicolour emission：hyperbranched polysiloxane with silicon bridge for data encryption [J]. Materials Chemistry Frontiers，2020，4（4）：1375–1382.

[20] FENG Y B，BAI T，YAN H X，et al. High fluorescence quantum yield based on the through-space conjugation of hyperbranched polysiloxane [J]. Macromolecules，2019，52（5）：3075–3082.

[21] BAI L H，YAN H X，BAI T，et al. Energy-transfer-induced multiexcitation and enhanced emission of hyperbranched polysiloxane [J]. Biomacromolecules，2020，21（9）：3724–3735.

[22] BAI L H，YAN H X，GUO L L，et al. Oleic acid constructed supramolecular hyperbranched polysiloxane with enhanced fluorescence and excellent drug delivery ability [J]. Macromolecular Chemistry and Physics，2021，222（18）：2100283.

[23] ZHAO Y，HE M M，XU L，et al. Tuning the emission of a nonconventional aggregation-induced emission polymer via silicon-bridged twisted intramolecular charge transfer for targeted delivery and visualized drug release [J]. Biomacromolecules，2023，24（4）：1888–1900.

[24] EKIARI V，LIANOS P. Optimization of the intensity of luminescence emission from silica/poly（ethylene oxide）and silica/poly（propylene oxide）nanocomposite gels [J]. Chemistry of Materials，2000，12（10）：3095–3099.

[25] BAI T, YAN H X, ZHANG Y S, et al. Disulfide-containing polysiloxane with multicolor fluorescence and visible-light excitation: design, synthesis, and mechanism exploration [J]. The Journal of Physical Chemistry B, 2021, 125 (16): 4321-4329.

[26] HE Y Y, DING F, ZHAO Y, et al. Multicolor emission of nonaromatic linear polysiloxanes based on local conjugation chains [J]. Polymer Chemistry, 2022, 13 (45): 6534-6542.

[27] ZUO Y J, GOU Z M, LI Z Y, et al. Unexpected self-assembly, photoluminescence behavior, and film-forming properties of polysiloxane-based imidazolium ionic liquids prepared by one-pot thiol-ene reaction [J]. New Journal of Chemistry, 2017, 41 (24): 14545-14550.

[28] LIU B, WANG Y L, BAI W, et al. Fluorescent linear CO_2-derived poly (hydroxyurethane) for cool white LED [J]. Journal of Materials Chemistry C, 2017, 5 (19): 4892-4898.

[29] ZUO Y J, YANG T X, WANG X N, et al. Visualizing the cell ferroptosis via a novel polysiloxane-based fluorescent Schiff base [J]. Sensors and Actuators B: Chemical, 2019, 298: 126843.

[30] WANG X F, ZUO Y J, FENG S Y. Ultrasensitive polysiloxane-based fluorescent probes for selectively detecting of 4-nitrophenol and their application in paper sensors [J]. Materials Today Communications, 2020, 25: 101570.

[31] ZUO Y J, GOU Z M, CAO J F, et al. A new approach for the synthesis of sulfur-bridged polysiloxanes via thiol-ene "click" reaction and their post-functionalization to obtain luminescent materials [J]. RSC Advances, 2016, 6 (50): 45193-45201.

[32] ZUO Y J, LU H F, XUE L, et al. Preparation and characterization of luminescent silicone elastomer by thiol-ene "click" chemistry [J]. Journal of Materials Chemistry C, 2014, 2 (15): 2724-2734.

[33] ZUO Y J, GOU Z M, ZHANG J, et al. Color-transformable silicone elastomers prepared by thiol-ene reaction with potential application in UV-LEDs [J]. Macromolecular Rapid Communications, 2016, 37 (7): 597-604.

[34] ZHANG Q, SU G X. Preparation of amino functional polysiloxane-lanthanide (Dy^{3+} and Sm^{3+}) composites [J]. Polymers and Polymer Composites, 2019, 27 (5): 279-286.

[35] LU H F, LIU L, FENG S Y. A new way to construct luminescent functionalized polysiloxane based on ternary lanthanide complexes of 1,10-phenanthroline [J]. Journal of Applied Polymer Science, 2011, 122 (3): 1884-1888.

[36] LIU L, LU H F, WANG H, et al. Luminescent organo-polysiloxanes containing complexed lanthanide ions [J]. Applied Organometallic Chemistry, 2009, 23 (10): 429-433.

[37] LU H F, WANG X C, WANG H, et al. Molecular design and photophysical properties of acylamido side functionalized polysiloxanes with lanthanide ions as luminescent centers [J]. Journal of Photochemistry and Photobiology A: Chemistry, 2010, 215 (1): 46-51.

[38] LAI Q L, LU H F, WANG D X, et al. Color-tunable luminescent materials based on

functional polysiloxane and lanthanide ions [J]. Macromolecular Chemistry and Physics, 2011, 212 (14): 1435–1442.

[39] ZUO Y J, LU H F, XUE L, et al. Polysiloxane-based luminescent elastomers prepared by thiol-ene "click" chemistry [J]. Chemistry – A European Journal, 2014, 20 (40): 12924–12932.

[40] CHEN J, ZHANG P, FANG G, et al. Synthesis and characterization of novel reversible photoswitchable fluorescent polymeric nanoparticles via one-step miniemulsion polymerization [J]. The Journal of Physical Chemistry B, 2011, 115 (13): 3354–3362.

[41] FERNANDO L P, KANDEL P K, YU J, et al. Mechanism of cellular uptake of highly fluorescent conjugated polymer nanoparticles [J]. Biomacromolecules, 2010, 11 (10): 2675–2682.

[42] CHEN Y, WILBON P A, ZHOU M, et al. Multifunctional self-fluorescent polymer nanogels for label-free imaging and drug delivery [J]. Chemical Communications, 2013, 49 (3): 297–299.

[43] ZHU L, WU W, ZHU M Q, et al. Reversibly photoswitchable dual-color fluorescent nanoparticles as tools for live-cell imaging [J]. Journal of the American Chemical Society, 2007, 129 (12): 3524–3526.

[44] MARTIN V, BAÑUELOS J, ENCISO E, et al. Photophysical and lasing properties of Rhodamine 6G confined in polymeric nanoparticles [J]. The Journal of Physical Chemistry C, 2011, 115 (10): 3926–3933.

[45] HERMANSON G T, editor. Bioconjugate Techniques [M]. 2nd ed. San Diego: Academic Press, 2008.

[46] HALPERN A M. Vapor state emission from saturated amines [J]. Chemical Physics Letters, 1970, 6 (3): 296–298.

[47] CAMINATI G, TURRO N J, TOMALIA D A. Photophysical investigation of STARBURST® dendrimers and their interactions with anionic and cationic surfactants [J]. Journal of the American Chemical Society, 1990, 112 (23): 8515–8522.

[48] KIM Y, KIM S H, TANYERI M, et al. Dendrimer probes for enhanced photostability and localization in fluorescence imaging [J]. Biophysical Journal, 2013, 104 (7): 1566–1575.

[49] VARNAVSKI O, ISPASOIU R G, BALOGH L, et al. Ultrafast time-resolved photoluminescence from novel metal-dendrimer nanocomposites [J]. The Journal of Chemical Physics, 2001, 114 (5): 1962–1965.

[50] LARSON C L, TUCKER S A. Intrinsic fluorescence of carboxylated-terminated polyamido amine dendrimers [J]. Applied Spectroscopy Reviews, 2001, 36 (6): 679–683.

[51] CARLOS L D, DE ZEA BERMUDEZ V, SA FERREIRA R A, et al. Sol-gel derived

urea cross-linked organically modified silicates. 2. Blue-light emission [J]. Chemistry of Materials, 1999, 11 (3): 581-588.
[52] BRANKOVA T, BEKIARI V, LIANOS P. Photoluminescence from sol-gel organic/inorganic hybrid gels obtained through carboxylic acid solvolysis [J]. Chemistry of Materials, 2003, 15 (9): 1855-1859.
[53] CARLOS L D, DE ZEA BERMUDEZ V, AMARAL V S, et al. Nanoscopic photoluminescence memory as a fingerprint of complexity in self-assembled alkyl/siloxane hybrids [J]. Advanced Materials, 2007, 19 (3): 341-348.
[54] NISHIMURA A, SAGAWA N, UCHINO T. Structural origin of visible luminescence from silica-based organic-inorganic hybrid materials [J]. The Journal of Physical Chemistry C, 2009, 113 (11): 4260-4262.
[55] KUO S W, HONG J L, HUANG Y C, et al. Star poly (N-isopropylacrylamide) tethered to polyhedral oligomeric silsesquioxane (POSS) nanoparticles by a combination of ATRP and click chemistry [J]. Journal of Nanomaterials, 2012, 2012: 749732.
[56] LU H, FENG L, LI S, et al. Unexpected strong blue photoluminescence produced from the aggregation of unconventional chromophores in novel siloxane-poly (amidoamine) dendrimers [J]. Macromolecules, 2015, 48 (3): 476-482.
[57] LU H, ZHANG J, FENG S. Controllable photophysical properties and self-assembly of siloxane-poly (amidoamine) dendrimers [J]. Physical Chemistry Chemical Physics, 2015, 17 (40): 26783-26789.
[58] LU H, HU Z, FENG S. Nonconventional luminescence enhanced by silicone-induced aggregation [J]. Chemistry - An Asian Journal, 2017, 12 (11): 1213-1217.
[59] BAI L H, ZHANG Y Z, YAN H X, et al. High-efficiency long-wavelength fluorescent hyperbranched polysiloxanes: synthesis, emission mechanism, information encryption, and film preparation [J]. Biomacromolecules, 2022, 23 (11): 4617-4628.
[60] CHENG C C, CHU Y L, CHU C W, et al. Highly efficient organic-inorganic electroluminescence materials for solution-processed blue organic light-emitting diodes [J]. Journal of Materials Chemistry C, 2016, 4 (27): 6461-6465.

第 3 章

聚氨酯

3.1 概述

聚氨酯（polyurethane）全称为聚氨基甲酸酯，是通过加成聚合反应合成的以氨基甲酸酯为重复单元的一类高分子材料，简称 PU。传统的聚氨酯是由多元醇与异氰酸酯反应合成的（图 3-1）。其中多元醇分为聚醚型多元醇和聚酯型多元醇，不同类型的多元醇对聚氨酯的稳定性和力学性能具有显著的影响。聚醚多元醇是以含活泼氢的化合物（如低分子量多元醇、多元胺）为起始剂，在催化剂作用下与环氧乙烷、环氧丙烷等环氧化合物开环聚合而成。聚醚型 PU 具有高强度、耐水解、高回弹性和低温性能好等优点，常用于制备弹性体（如记忆棉材料）、防震缓冲垫等柔性制品。而聚酯型多元醇一般指的是由二元羧酸与二元醇等通过缩聚反应得到的多元醇，广义上是含有酯基或碳酸酯基的多元醇。聚酯型聚氨酯具有较好的可拉伸性能、耐磨损性、耐溶剂性和耐高温性等优点，一般用来生产较硬、密度较大的发泡海绵、面漆以及塑胶板材。在聚氨酯的合成中，异氰酸酯种类的选择也是一项很重要的因素，其中二苯基甲烷二异氰酸酯（methylenediphenyl diisocyanate，简称 MDI）和甲苯二异氰酸酯（toluene diisocyanate，简称 TDI）因为反应活性高而最常被使用。实际生产中还

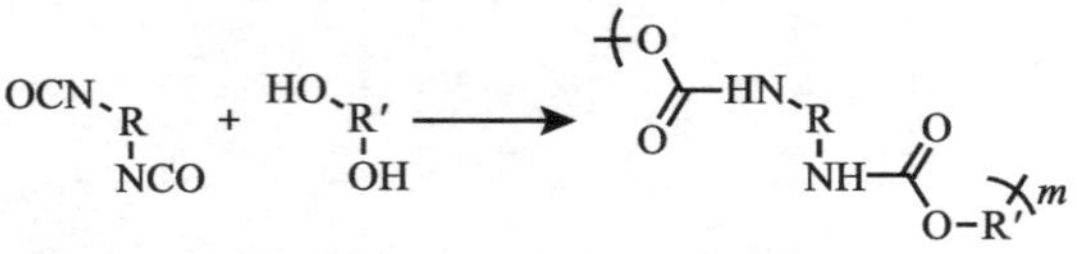

图 3-1　传统聚氨酯的合成路线

需根据需求添加催化剂、扩链剂、抗氧剂等助剂，以调控聚合速率、优化产品性能。随着 20 世纪初第一批合成塑料的发展，聚氨酯已经成为现代生活中不可或缺的一部分。事实上，仔细观察身边的日常用品，几乎都会发现其中使用了一些聚氨酯成分。具有“定制”聚合物美称的聚氨酯在合成过程中可供选择的原料众多，这使得人们可以根据特定的需求定制具有不同性能的聚氨酯制品。

20 世纪 30 年代，德国化学家拜耳（Bayer）及其同事通过对二异氰酸酯进行加成聚合反应，合成了一种主链上具有 -NH-COO- 重复单元的新型塑料，即聚氨酯。20 世纪 40 年代，基于聚氨酯生产的弹性体和泡沫投入市场，并迅速得到广泛应用。传统的聚氨酯合成所需的主要原料为多元醇和异氰酸酯，产品种类包括软泡（例如汽车座椅、床垫等）和硬泡（如建筑保温材料等）。聚氨酯合成中使用最广的异氰酸酯是甲苯二异氰酸酯和二苯甲烷二异氰酸酯。除此之外，合成聚氨酯过程中所用的不同种类的扩链剂和催化剂对聚氨酯材料的力学性能和物理形态也很重要。合成聚氨酯所需的催化剂分为两类：一类是胺类催化剂如 N,N,N′,N′- 四甲基亚烷基二胺、N,N′- 二甲基吡啶、三乙胺等；另一类是有机金属催化剂如羧酸盐、金属烷基化合物等，其中最常用的是有机锡化合物。合成聚氨酯的原料和催化剂非常丰富。不同种类的原料和催化剂进行搭配能够使聚氨酯材料以各种产品形态呈现在人们的日常生活中，如弹性体、泡沫、纤维、黏合剂、涂料等。

传统的共轭发光聚合物材料通常面临着聚集所导致的发光猝灭（ACQ）现象，导致浓溶液或固态下材料的发光效率大大降低，以至于材料的实际应用受到非常多的限制。与 ACQ 相反，具有聚集诱导发光（AIE）现象的材料的出现弥补了 ACQ 材料的不足。

聚氨酯被誉为“第六大树脂基聚合物群”，具有合成方法简单、成本低、结构容易调整、机械韧性好、电 / 热稳定性好、耐磨和耐低温等许多优点，是具有工业化规模生产的非共轭聚合物。良好的力学柔韧性使发光聚氨酯材料可以被大面积地涂敷在其他材料表面，可以广泛应用于光电设备、化学传感、信息储存等领域。多年来，人们已经将 PU 广泛应用在了建筑绝缘材料、家具和织物组件等日常生活中常见的物品中。然而，关于 PU 的发光性质的研究和相应的光电应用还有很大的探索空间。实际上，聚氨酯主链的非共轭结构将有效避免传统发光聚合物中强的 π–π 相互作用导致的聚集猝灭现象，进而有望实现高效固态发光聚合物材料的设计合成。此外，聚氨酯主链中含有大量可以提供 n 电子的杂原子（如 N、O），以及不饱和键（如 C=O）。更重要的是，聚氨酯主链中重复的特征官能团 -NH-COO- 可以提供丰富的氢键位点。聚氨酯分子链在氢键等非共价力相互作用的作用下可以发生聚集，使分子内、分子间的电子云相互重叠，形成 n–n、n–π、π–π 相互作用的扩展共轭体系，即形成空间电子共轭，从而有利于产生荧光/磷光。

深入探索聚氨酯分子结构、堆积状态等与发光现象、发光机理之间的关系，对设计合成新型功能发光材料具有前瞻性的指导意义。将聚氨酯衍生物材料的光致发光特性与凝胶材料的黏弹性性质相结合，使具有黏弹性的荧光/磷光聚氨酯发光材料摆脱了非固体即液体的材料状态的束缚，会使其更适合于光电器件的发光层封装、3D 打印、药物的包裹和体内稳定输送等领域的应用。发光聚氨酯衍生物的设计合成及光物理性能的研究在光电、生物、医学等领域均具有重要的科学研究价值。

3.2 聚氨酯材料的应用

聚氨酯的性能可以根据实际需求在很广泛的范围内进行调整。随着合成工艺技术的不断改进，人们相继成功合成了聚氨酯弹性体、聚氨酯涂料、聚氨酯胶粘剂、聚氨酯弹性纤维等材料。这些材料已被广泛应用于家具、汽车、石化、服装、电子、轻工、机械、航空、建筑保温、医疗等领域。

3.2.1 涂料和胶粘剂领域

2015 年，胡（Hu）等人合成了一种新型的无氟抗污聚氨酯涂料，该涂层的厚度可达数十微米（图 3–2），并且具有优异的动态脱湿性质，可有效抵御十六烷、二碘甲烷、墨水、油漆和水等液体的污染。更重要的是，即使在经过较大程度的磨损后，这些涂层仍能保持很好的抗污性能。由于材料合成过程中不需

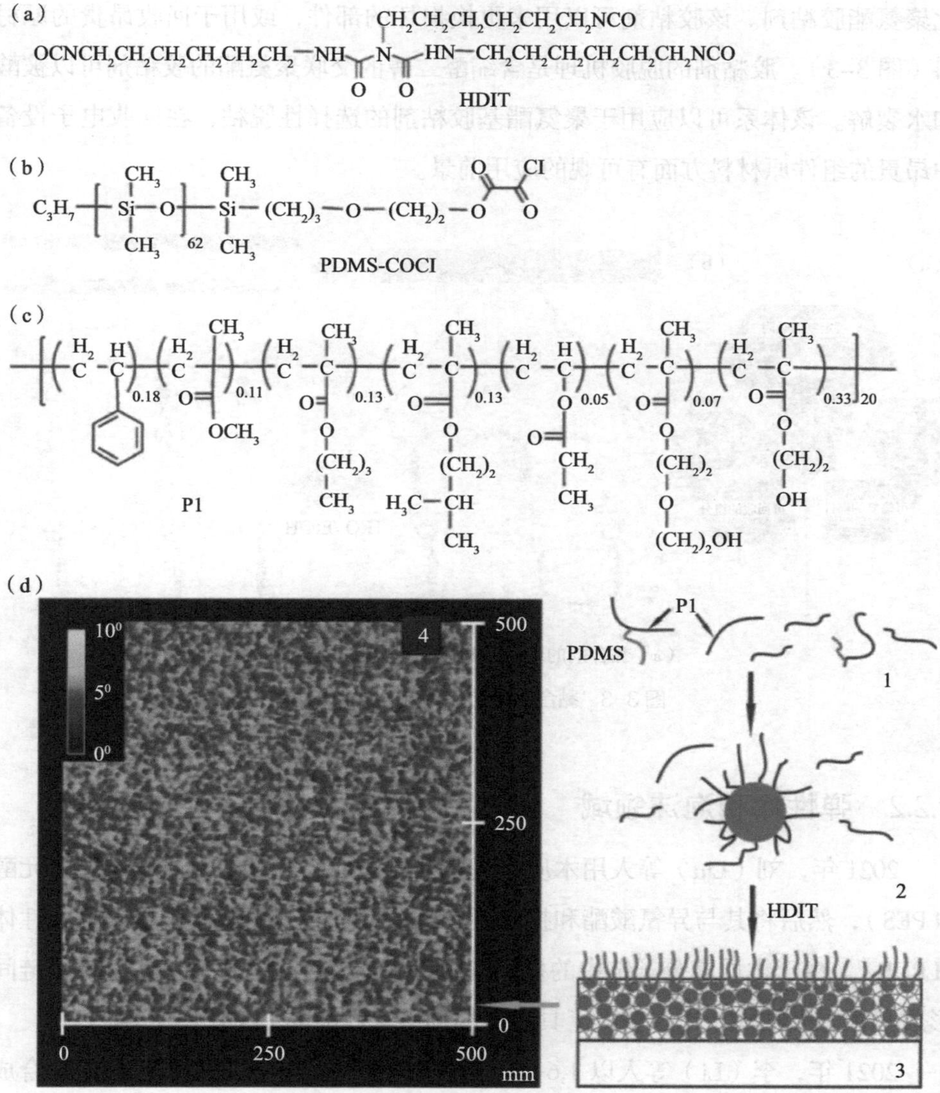

（a–c）HDIT、PDMS-COCl 和 P1 的化学结构；（d）AFM 横截面图像，以及涂层示意图

图 3-2　HDIT、PDMS-COCl 和 P1 的化学结构及原子力显微镜（AFM）横截面图像

要氟，这些具有优越性能的廉价抗污涂料可以广泛应用于各个领域。2020 年，弗里斯（Vries）等人通过无溶剂缩醛化反应，将甘油与羟甲基糠醛进行反应制备成了二醇，再将其作为基于生物衍生聚醚聚醇的聚氨酯添加剂，制备了水固

化聚氨酯胶粘剂。该胶粘剂可以用来更换损坏的部件，或用于回收昂贵的原材料（图 3-3）。胶粘剂的脱胶机理是含缩醛二醇的交联聚氨酯的胶粘剂可以被酸和水裂解。该体系可以应用于聚氨酯基胶粘剂的选择性脱粘，在回收电子设备中昂贵的组件原材料方面有可观的应用前景。

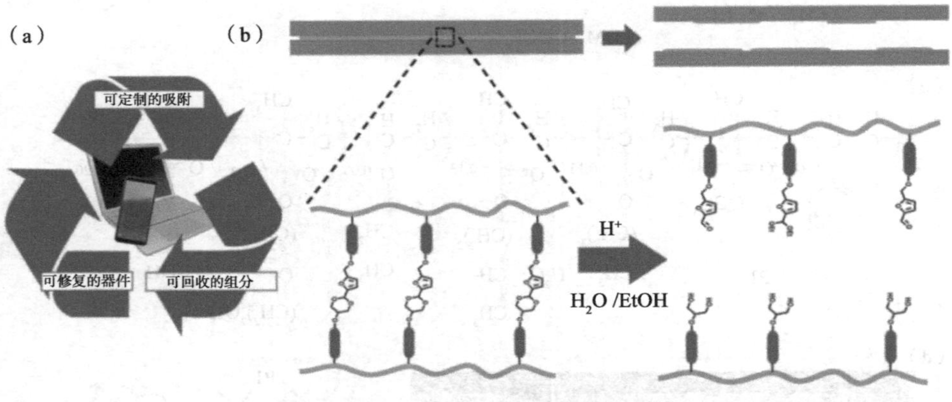

（a）黏合剂的应用；（b）脱胶机理的示意图

图 3-3　黏合剂的应用和脱胶机理示意图

3.2.2　弹性体和泡沫领域

2021 年，刘（Liu）等人用木质素真空熔融法成功合成了木质素聚酯多元醇（LPES），然后将其与异氰酸酯和扩链延长剂反应，得到木质素基聚氨酯弹性体（LPUE）。由于木质素分子链中的极性基团之间的氢键相互作用有利于分子链间形成微相有序结构，作者获得了具有优异的力学性能的 LPUE（图 3-4）。

2021 年，李（Li）等人以 1,6- 己二醇、苹果酸和柠檬酸为原料，成功合成了一系列无催化剂的基于柠檬酸基的生物基多元醇（MCP）（图 3-5）。含有不同浓度柠檬酸（0 ~ 10 mol %）的生物基多元醇聚氨酯泡沫（RPUF-MCP）均展现出均匀的封闭泡孔结构，并且具有相似的力学性能。当多元醇中柠檬酸的浓度从 0 增加到 10 mol % 时，所得到的 RPUF-MCP 的归一化抗压强度从 140 kPa 增加到了 167 kPa。所有的聚氨酯泡沫（RPUF）都具有封闭的多面体泡孔结构。当 RPUF 中柠檬酸浓度较低时，由于 MCP 的低黏度，可观察到大的圆

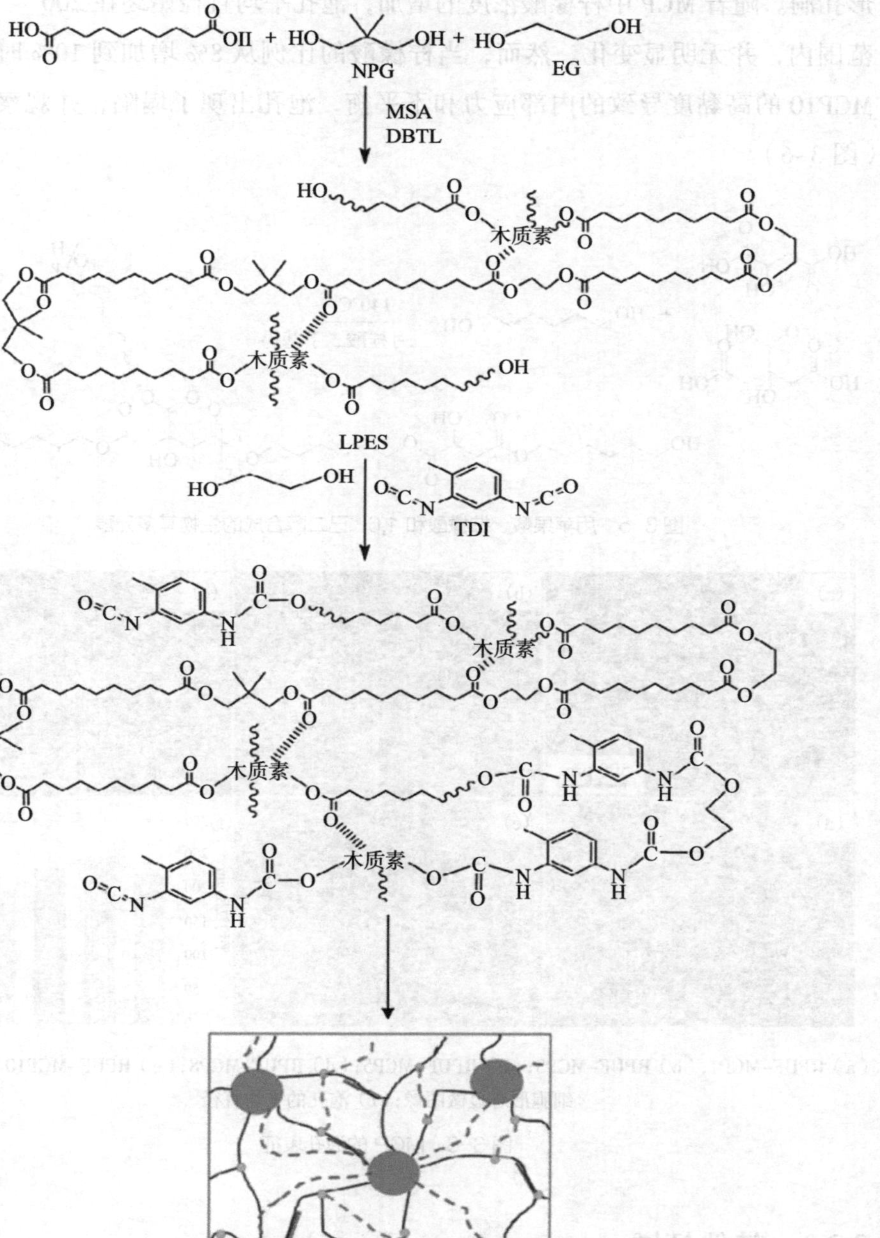

图 3-4 LPES 和 LPUE-2 的合成路线及反应机制

形孔洞。随着 MCP 中柠檬酸浓度的增加，泡孔平均直径始终在 200 ~ 250 μm 范围内，并无明显变化。然而，当柠檬酸的比例从 8% 增加到 10% 时，由于 MCP10 的高黏度导致的内部应力和不平衡，泡孔出现了塌陷，并观察到孔隙（图 3–6）。

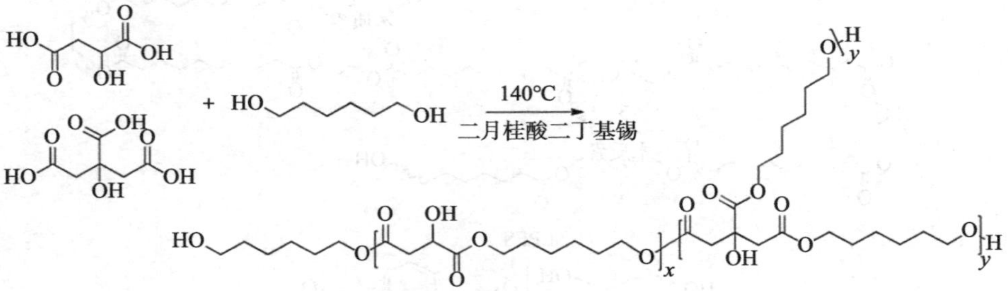

图 3–5　用苹果酸、柠檬酸和 1,6– 己二醇合成的生物基多元醇

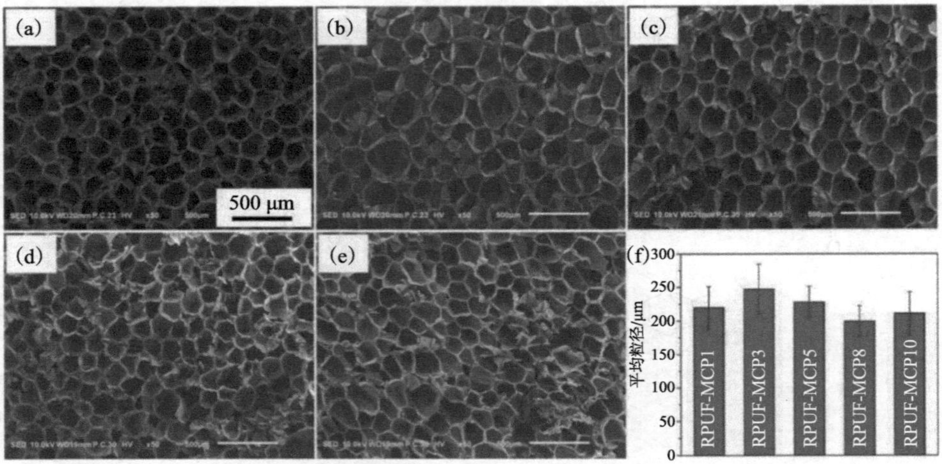

（a）RPUF–MCP1；（b）RPUF–MCP3；（c）RPUF–MCP5；（d）RPUF–MCP8；（e）RPUF–MCP10 的 FESEM 细胞形态显微图像；（f）泡孔的平均直径

图 3–6　MCP 的泡孔表征

3.2.3　其他领域

2016 年，傅（Fu）等人提出了一种通过各种功能型聚氨酯的简单混合来制备多功能纳米载体的方法（图 3–7）。他们用 3 种不同功能型聚氨酯制备的混合

胶束具有优异的胶束化性能。通过改变聚氨酯的成分和比例可以调整这些胶束的尺寸和表面电荷。这些多功能的混合胶束在酸性环境中展现出良好的药物装载性能和药物可控释放能力，并在体内表现出良好的生物分布特性，为构建智能的药物输送多功能纳米载体开辟了一种新的方法。

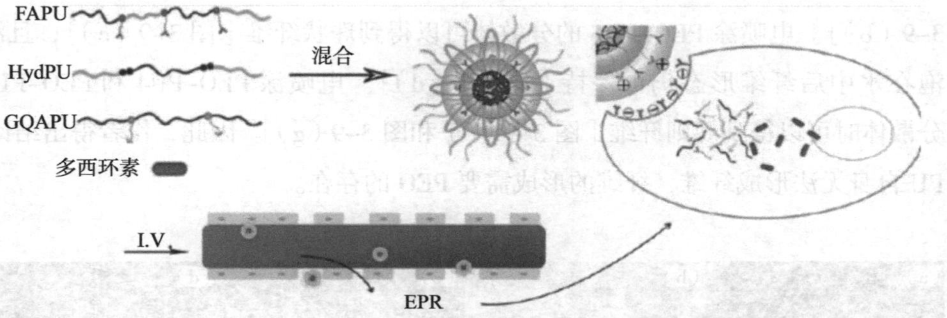

图 3-7 混合凝胶的组装和作为纳米载体的示意图

2019 年，舒马赫（Schomacker）等人用含有二氧化碳的聚醇合成了新型的聚氨酯橡胶，并对泡沫和热塑性聚氨酯（TPU）的形成动力学等进行了详细的研究（图 3-8）。其中，链的迁移率对反应速率有很大的影响。非双键多元醇的光谱学比较表明，这种影响效应不是因为有副反应的发生，而是因为长链间的彼此交织产生的。

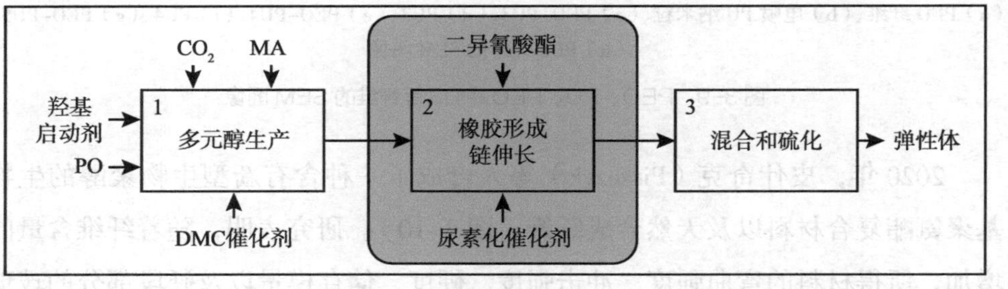

图 3-8 含二氧化碳多元醇的人造橡胶的生产步骤

2020 年，阿马尔维（Amalvy）等人以聚环氧乙烷（PEO）为助剂，基于水性聚氨酯制备了静电纺丝纤维。为了探究 PEO 在纤维形成中的作用，他们分别观察了由 PEO、PU 分散体、PEO-PEO-PU4 和 PEO-PU5 分散体制备的纤维的扫描电子显微镜（SEM）图像（图 3-9）。结果表明，纤维的形貌受混合物中 PEO 比例的影响，即 PEO 相对含量越高，纤维直径越小。当他们选用 7 wt.% 的 PEO 水溶液时，可以得到纤维［图 3-9（a）］。然而，如果不添加 PEO 直接对 PU 分散体进行电喷涂，由于无法形成连续的滴流，只能得到 PU 颗粒［图 3-9（b）］。电喷涂 PEO-PU3 的分散体可以得到珠状纤维［图 3-9（c）］，且浸泡在水中后纤维形态仍可保持［图 3-9（d）］。电喷涂 PEO-PU4 和 PEO-PU5 分散体时可以得到规则纤维［图 3-9（e）和图 3-9（g）］。因此，作者得出结论：PU 自身无法形成纤维，纤维的形成需要 PEO 的存在。

（a）PEO 纤维、（b）电喷 PU 纳米粒、（c）PEO-PU3、（d）PU3、（e）PEO-PU4、（f）PU4、（g）PEO-PU5、（h）PU5 纤维的 SEM 图像

图 3-9　PEO、PU、PEO-PU3 等纤维的 SEM 图像

2020 年，皮什奇克（Piszczyk）等人合成了一种含有新型生物聚醇的生物基聚氨酯复合材料以及天然合成纤维（图 3-10）。研究表明，随着纤维含量的增加，所得材料的弯曲强度、冲击强度、硬度、储存模量以及硬段部分的玻璃化转变温度都会相应提高。扫描电子显微镜分析表明，在复合材料的结构内部存在裂纹、孔洞和空隙，但纤维与基体之间具有很好的黏附性。

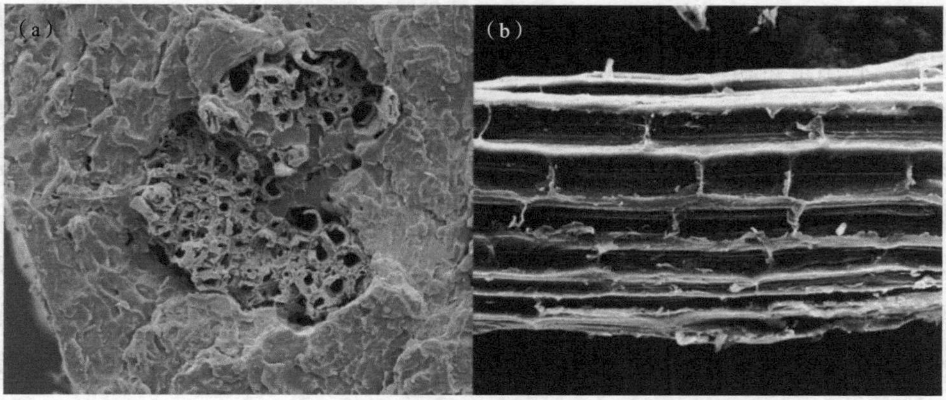

（a）横截面；（b）纵截面

图3-10 纤维的SEM图像

3.3 聚氨酯发光材料

PU的结构灵活性好，并且分子链上存在着丰富的杂原子（如O和N）电子，在光物理性质方面具有很多值得深入探索的潜力。此外，PU的非共轭结构可以有效避免由于共轭单元聚集后强烈的π-π堆积相互作用而引起的发射猝灭。而且，由于PU具有良好的机械灵活性，单个聚合物链间的距离非常接近。因此，激发态电荷转移过程很容易利用分子间相互作用，获得较小的单重态与三重态之间的能隙（ΔE_{ST}），促进单重态－三重态之间发生系间跨越（ISC）以及反向系间跨越（RISC）过程，从而延长三重态激子的寿命。因此，在浓溶液状态或固体状态下，PU可以表现出高效的荧光或磷光发射。

目前，虽然科研工作者们已经报道了很多提高体系聚集能力的策略，但是在溶液态下的聚集大多是利用不良溶剂作为聚集的驱动力而获得的，是一种被动的聚集，这种被动的聚集方式对于提高体系的发光性能来说仍然存在许多局限性。第一，在比较松散的聚集构象下，发色团很难发挥出最大程度的发光行为。第二，在实际应用中，这种聚集易于被解体，导致发光强度大大降低甚至猝灭。针对这些问题，充分利用聚氨酯衍生物主链上含有的氨基甲酸酯基团（-NH-COO-）重复单元，构筑聚集态包含多重氢键相互作用的发光体系，是一个可行的策略。本节内容介绍了将不同种类的发色团通过共价作用插入聚氨酯主链，利用聚氨酯骨架上 -NH-COO- 之间的定向氢键相互作用，使聚氨酯分子链在不依靠外力的条件下，通过自组装过程主动聚集，从而得到高效发光的聚氨酯衍生物。通过这种策略得到的 AIE 材料在实际应用中聚集构象稳定，不易被解体，可以最大程度地发挥出材料的发光性能。此外，在合理的分子设计下，无须引入传统的多环 π 共轭发色团单元，仅凭借聚氨酯主链上丰富的 N、O 杂原子在聚集条件下形成的团簇聚集体，便可使聚氨酯衍生物展现出优异的发光性能。而且，聚氨酯特有的非共轭主链结构可以在很大程度上避免传统共轭发色团之间的 π-π 共轭相互作用，通过减少非辐射跃迁来实现此类材料发光性能的提升。因此，设计合成性能优异的聚氨酯衍生物发光材料将为解决目前聚合物固态 / 聚集态发光性能较差的难题提供新思路，并为进一步实现聚合物发光材料的广泛应用开辟新途径。

3.3.1 聚氨酯固体发光材料

2018 年，纳萨尔（Nasar）等人合成了具有荧光性质的形状记忆超支化聚氨酯（HBPU-11）。他们观察到该聚合物溶液和薄膜的荧光最大发射波长分别在 517 nm 和 625 nm 处。聚合物的荧光在可见光下可见，在紫外光下更清晰。相较于溶液状态，在聚合物薄膜中观察到了 108 nm 的光谱红移（图 3-11）。实验表明，聚合物薄膜在吸收和发射过程中观察到的光谱红移是由于分子聚集引起的。这些聚合物在 50℃下 12 s 内可实现 100% 的形状恢复率（图 3-12）。聚合物薄膜的吸收光谱和荧光光谱数据证实了这些聚合物具有红色荧光特性。神经母细胞瘤细胞的黏附和增殖数据证明了这些聚合物具有很好的生物相容性。

2018 年，杨（Yang）等人合成了两种聚氨酯（STMPU 和 HTMPU）。其中，在 STMPU 的软段中加入了四芳基丁基 -1,3- 二烯衍生物，而在 HTMPU 的硬段中加入了四芳基丁基 -1,3- 二烯衍生物（图 3-13）。作者用偏振光学显微镜研究了 STMPU 和 HTMPU 薄膜的热响应性质。两种聚氨酯薄膜在室温下具有良好的结晶度［图 3-14（a）和图 3-14（d）］。当薄膜被加热到 90℃时，背景开始变暗［图 3-14（b）和图 3-14（e）］，这是因为聚氨酯中的软段熔化了。当

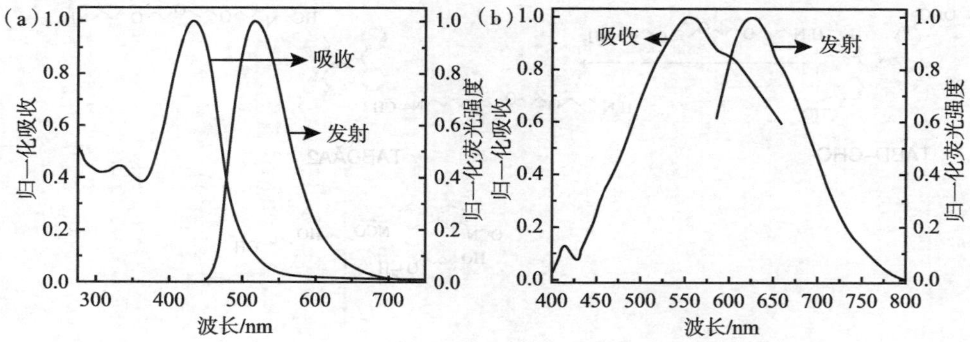

(a) THF溶液中;(b) 固体样品

图3-11 HBPU-11的紫外-可见吸收光谱和发射光谱

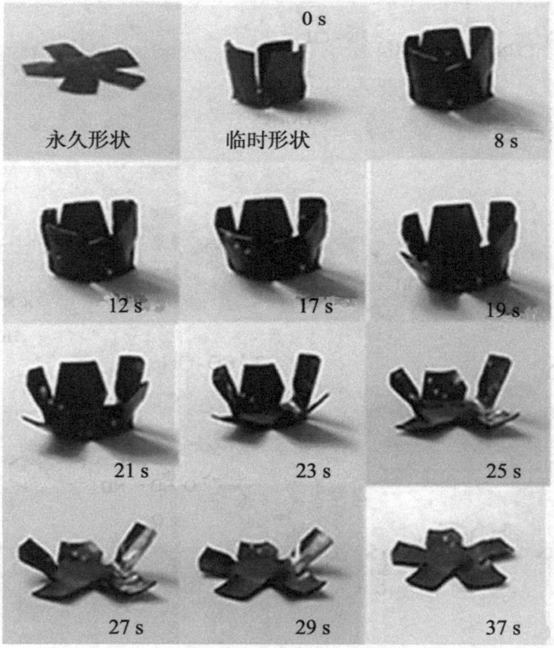

图3-12 HBPU-11从暂时形状(莲花状)向永久形状(星状)转变的照片

薄膜被加热到200℃时[图3-14(c)和3-14(f)],背景完全变暗,这表明这两种聚氨酯的所有部分都是可熔的,结晶区域均可被破坏。此外,STMPU和HTMPU还具有溶剂响应和机械荧光变色效应,在光学记录、存储芯片、化学传感器、应变或压力传感器等多功能智能材料领域具有广阔的应用前景。

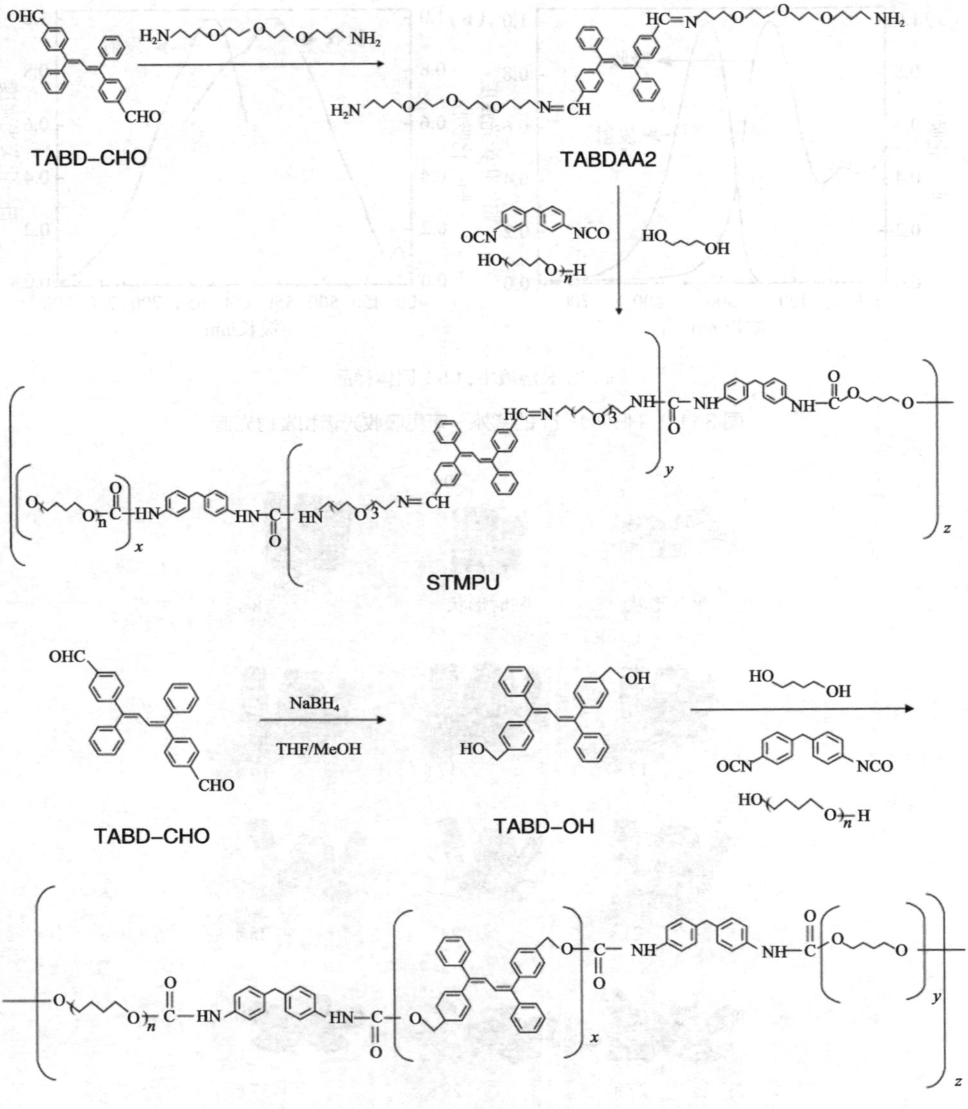

图 3-13　STMPU 和 HTMPU 的合成方法

2020 年，杨（Yang）等人以具有 AIE 活性的四苯胺衍生物（NH_2–B_3–Ani_4–NH_2）为硬段，成功合成了具有不同软段和硬段比例的聚氨酯（图 3-15）。所得到的聚氨酯具有典型的 AIE 性质，而且具有显著的热响应性质。聚氨酯薄膜的荧光强度随温度的变化而变化。经过猝灭处理后，聚氨酯薄膜的荧光强度急剧

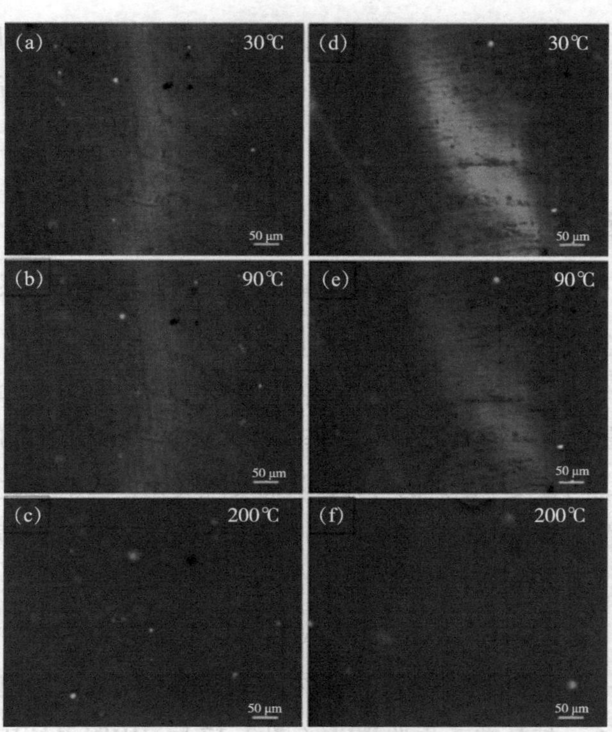

STMPU 薄膜在（a）30℃、（b）90℃、（c）200℃下和 HTMPU 薄膜在（d）30℃、（e）90℃、（f）200℃下的偏振光学显微图像

图 3-14　STMPU 和 HTMPU 薄膜的偏振光学显微图像

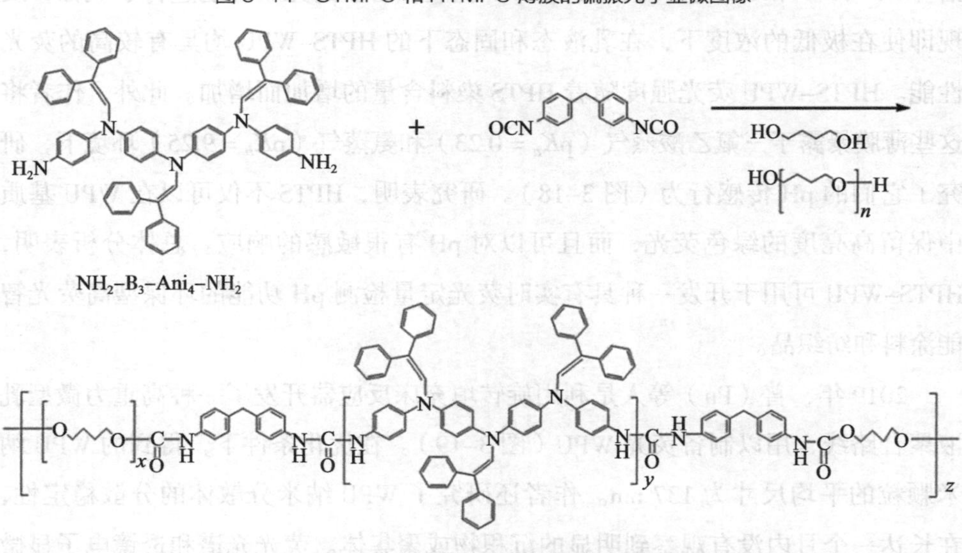

图 3-15　具有 AIE 性质的四苯胺衍生物的聚氨酯的合成

下降，但在80℃热退火24 h后，其荧光强度超过了薄膜的原始强度。由此可见，聚合物的结构，如软段和硬段的比例以及浓缩状态，会在很大程度上影响聚合物的发光性质。

3.3.2 聚氨酯液体发光材料

2017年，张（Zhang）等人通过简单的缩聚反应制备了一系列基于二苯甲酮衍生物的水性聚氨酯，该水性聚氨酯利用强的分子内电荷转移态（ICT态）作为单重态和三重态之间的桥梁，实现了延迟荧光和室温磷光的双发射发光（图3–16）。随着N,N–取代苯并苯酮基水性聚氨酯负载率的增加，单重态能级和三重态能级之间会发生渐进的合并，从而实现荧光、磷光的双重发射。因此，该水性聚氨酯的设计及合成策略为获得具有荧光和室温磷光双重发射的单组分发光材料开辟了新途径。

2018年，纳拉扬（Narayan）等人将8–羟基芘–1,3,6–三磺酸三钠盐（HPTS）作为一种水溶性芘染料，通过在水性聚氨酯（WPU）基质中的物理分散作用，合成了一种高性能荧光WPU（图3–17）。HPTS基团中带负电荷的磺酸根离子有助于HPTS在WPU基质中的均匀分散。通过紫外–可见光吸收光谱（UV–Vis）和PL光谱对HPTS–WPU乳液和薄膜的光学性能进行了表征，发现即使在极低的浓度下，在乳液态和固态下的HPTS–WPU均具有较高的荧光性能。HPTS–WPU荧光强度随着HPTS染料含量的增加而增加。此外，作者将这些薄膜暴露于三氟乙酸蒸气（$pK_a = 0.23$）和氨蒸气（$pK_b = 9.25$）环境下，研究了它们的pH传感行为（图3–18）。研究表明，HPTS不仅可以在WPU基质中保留高亮度的绿色荧光，而且可以对pH有很敏感的响应。总体分析表明，HPTS–WPU可用于开发一种具有实时荧光定量检测pH功能的环保型高荧光智能涂料和纺织品。

2019年，普（Pu）等人是利用旋转填充床反应器开发了一种高重力微型乳液聚合路线，用以制备荧光WPU（图3–19）。在优化条件下，得到的WPU纳米颗粒的平均尺寸为137 nm。作者还研究了WPU纳米分散体的分散稳定性，在长达一个月内没有观察到明显的沉积物或聚集体。荧光光谱和透镜电子显微

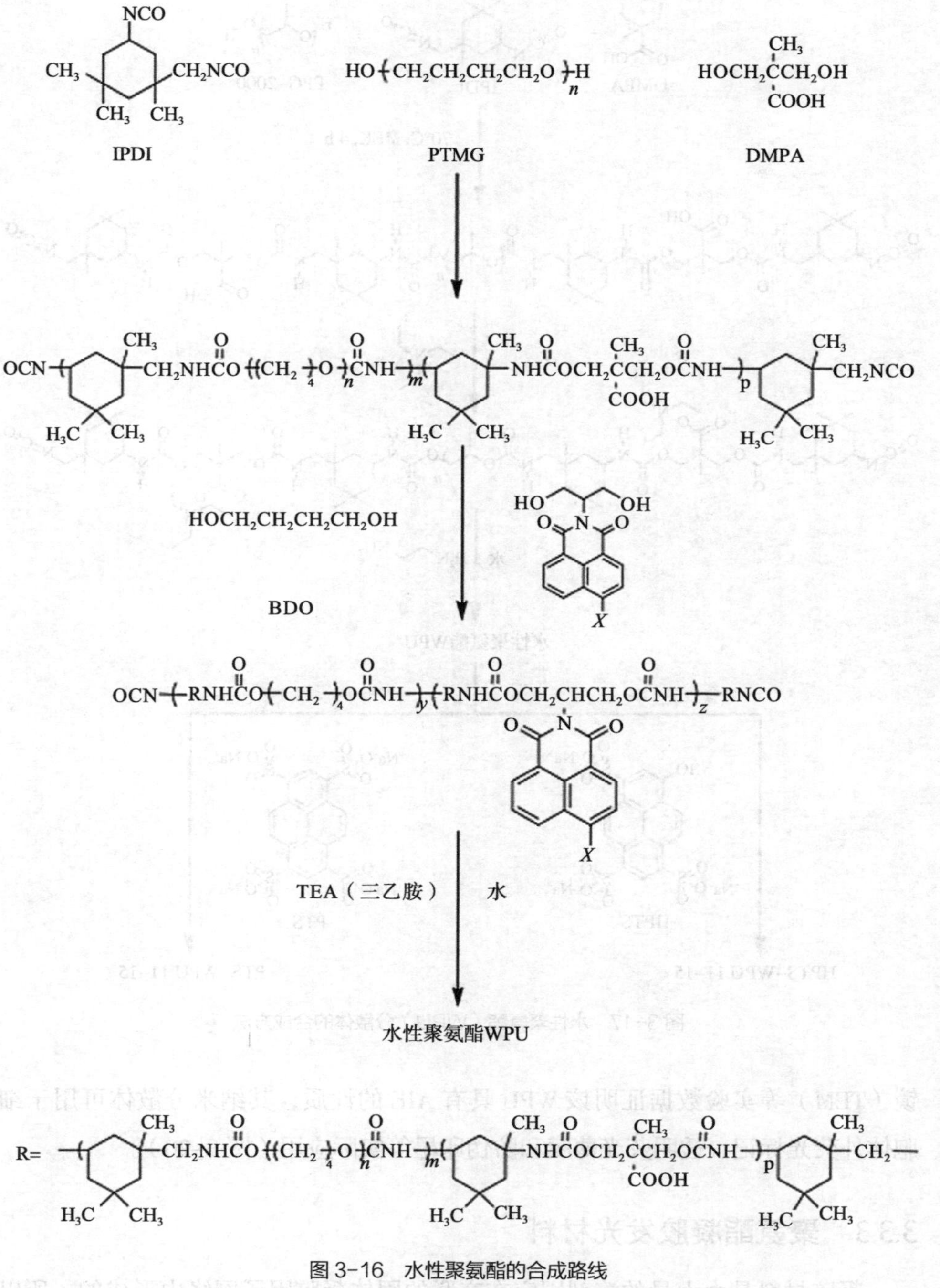

图 3-16 水性聚氨酯的合成路线

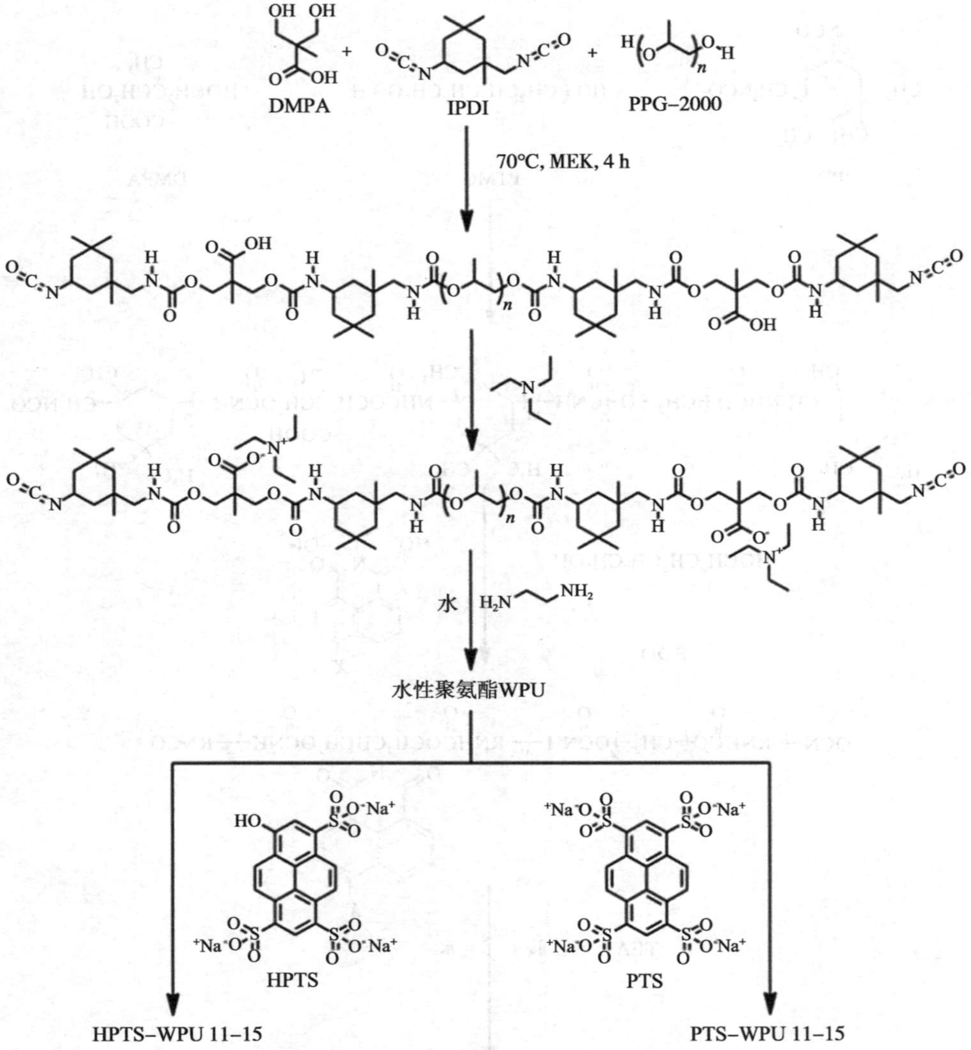

图 3-17　水性聚氨酯（WPU）分散体的合成方法

镜（TEM）等实验数据证明该 WPU 具有 AIE 的性质，其纳米分散体可用于细胞体外荧光标记、透明荧光薄膜和防伪印墨等实际应用（图 3-20）。

3.3.3　聚氨酯凝胶发光材料

凝胶材料是由大量的溶剂固定在交联的固体凝胶因子网络中形成的，所以

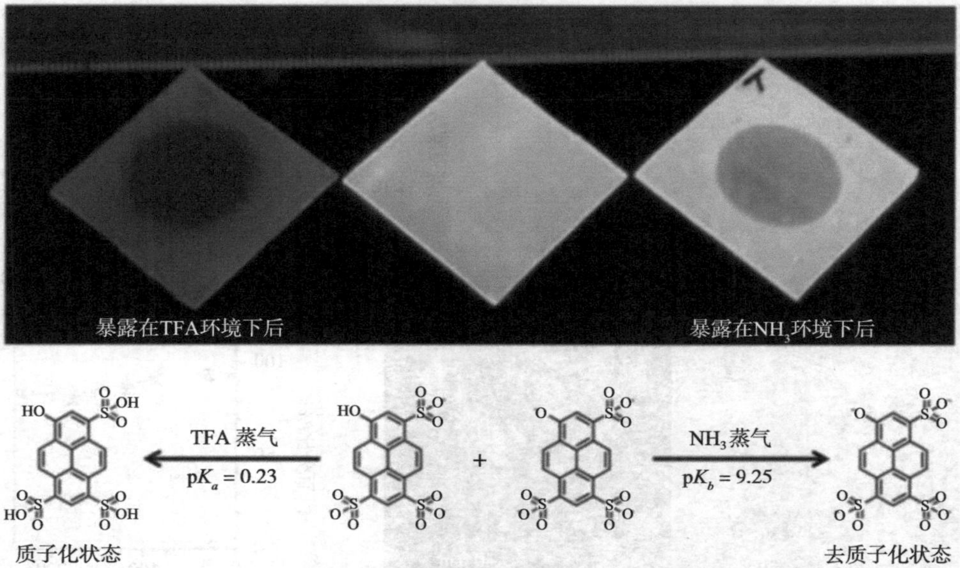

图 3-18　酸碱蒸气作用前后薄膜在紫外线照射下的颜色变化

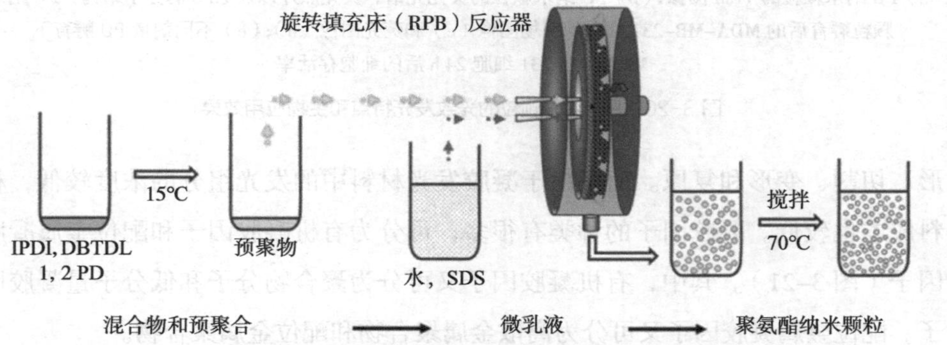

图 3-19　通过高重力微乳液聚合合成 PU 纳米颗粒的工艺流程示意图

凝胶材料同时具有溶液的流动性和固体的塑性。根据溶剂的性质，凝胶材料可分为水凝胶和有机凝胶。通过倒置实验可以简便地识别是否成功制备了凝胶材料，即将装有被测凝胶的器皿倒置后，如果在重力作用下器皿内的凝胶保持不动，即表示成功制备了凝胶材料。所以，如果将光致发光性质赋予凝胶材料，就能使凝胶材料更广泛地应用于化学传感、生物医学等领域。凝胶发光材料能克服纯液体流动性的缺点，便于包装，可以有效避免化学材料泄漏造成的污染。同时，凝胶化可以降低纯固体的刚性和硬度，提高材料的柔韧性，使其易于成

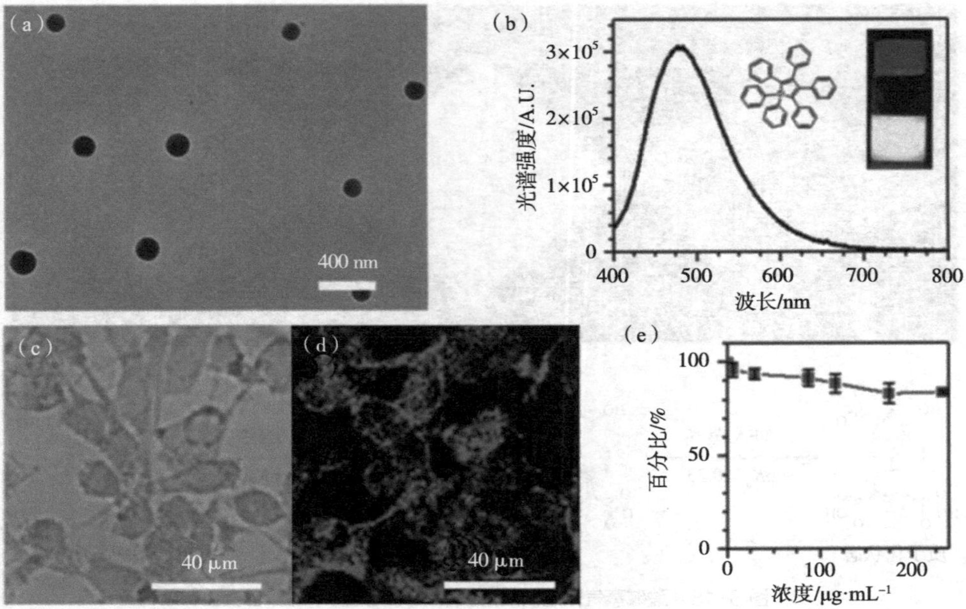

（a）PU 纳米颗粒的 TEM 图像；（b）PU 纳米颗粒的荧光光谱、荧光照片以及 HPS 的分子结构；PU 纳米颗粒孵育后的 MDA-MB-231 细胞的明场图像（c）和荧光图像（d）；（e）不同剂量 PU 孵育下 MDA-MB-231 细胞 24 h 后的细胞存活率

图 3-20　PU 纳米颗粒的光致发光特点和生物应用效果

形、切割、变形和复原。而且由于凝胶发光材料中的发光组分的浓度较低，材料成本也较低。凝胶因子的种类有很多，可分为有机凝胶因子和配位金属凝胶因子（图 3-21）。其中，有机凝胶因子又可分为聚合物分子和低分子量凝胶因子。配位金属凝胶因子又可分为离散金属聚合物和配位金属聚合物。

与其他种类的凝胶因子相比，有机聚合物凝胶因子具有低成本、易于合成，且通常对环境或外部刺激具有良好的响应等优点。根据交联方式，聚合物凝胶

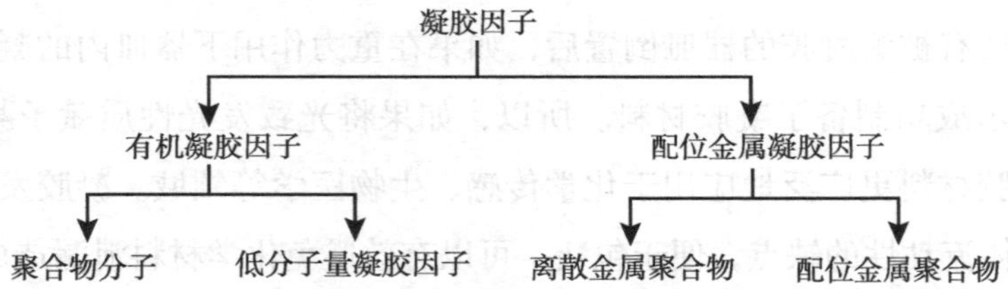

图 3-21　凝胶因子的分类

又可分为物理凝胶（利用螺旋结构、晶体结构、氢键或静电等物理相互作用）和化学凝胶（利用共价键）。化学凝胶一般具有高稳定性和高机械强度，常用作结构材料（即以力学性能为基础，对光泽、热导率、抗腐蚀、抗辐照等物理 / 化学性能都有一定要求的材料）。物理凝胶能够在不断变化的外部条件（如温度和应力）下经历溶胶 – 凝胶 – 溶胶的可逆转变，在智能材料领域得到了广泛关注。而具有优异的热塑性、链灵活性和结构的通用性的聚氨酯链中存在多个 C=O 和 N–H 基团，这些基团可以用来构建分子间氢键，这种分子间氢键可以成为材料自组装的内在有效驱动力，有利于获得具有物理凝胶特性的聚氨酯材料。

2017 年，秦（Qin）等人结合氨基功能化磷酸剂（NH_2–$SrAl_2O_4$：Eu^{2+}，Dy^{3+}）和红色荧光剂 1-（2- 羟基）氨基蒽醌（HAA）制备了光致变色磷光聚氨酯（PLPLPU）（图 3–22）。作者利用 X 射线衍射、紫外吸收光谱、热重分析和荧光光谱等实验数据表征了样品的结构和光物理性质。PLPLPU 样品在日光环境下呈现红光发射（图 3–23）。而在黑暗环境下，紫外灯关闭后 PLPLPU 表现出从绿色到黄色的持续磷光发射，其研究表明该类材料具有优异的颜色梯度发光效应。

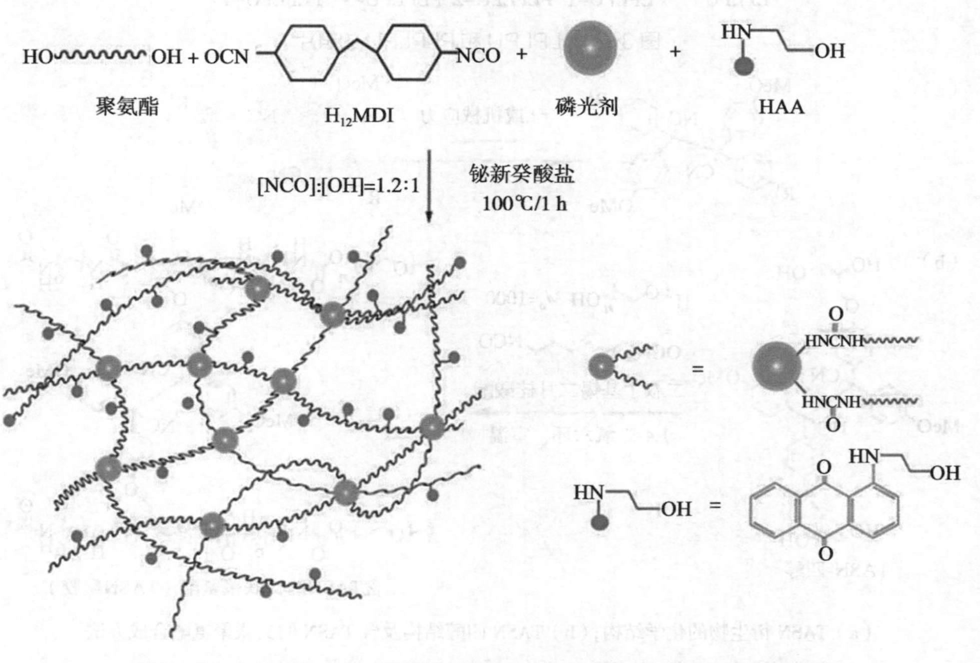

图 3–22　NH_2–$SrAl_2O_4$：Eu^{2+}、Dy^{3+} 和 HAA 加入 PLPLPU 的示意图

2018 年，大塚（Otsuka）等人合成了一种对温度敏感的荧光聚氨酯凝胶，作者在聚合物网络的交联点引入了四芳基琥珀腈（TASN）单体，作为机械力（冷冻力）发光的发色团（图 3-24），并用电子顺磁共振谱定量地探究了这种冷冻诱导的机械发光行为的内在机理和特性。使用液氮冻结 TASN 交联聚氨酯凝胶，在冷却过程中凝胶块的颜色变为粉色，在 365 nm 紫外线照射下呈现出明亮的黄光发射［图 3-25（a）］。TASN 交联聚氨酯的离解比与温度相关，作者记录了每个温度下 TASN 交联聚氨酯对应的照片［图 3-25（b）］。经实验数据证实，在冷却过程中 TASN 的解离比在 0℃以下显著增加［图 3-25（b）］。

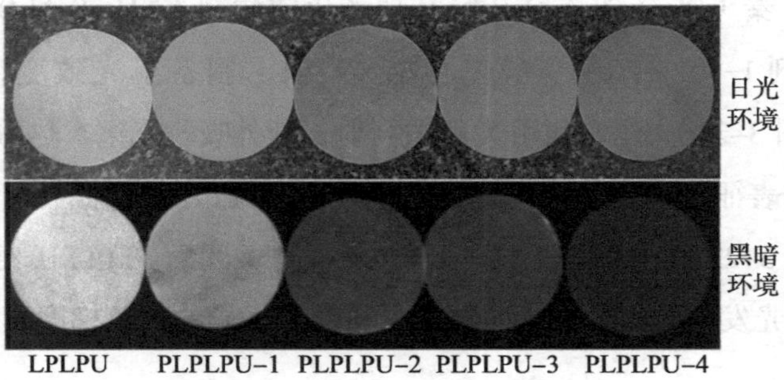

图 3-23　LPLPU 和 PLPLPU 的照片

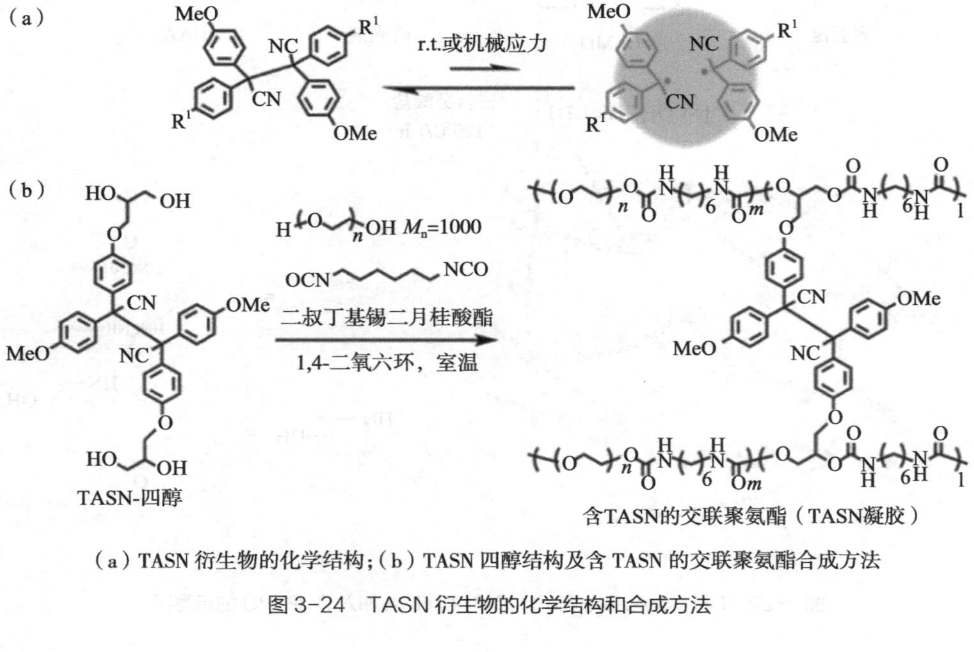

（a）TASN 衍生物的化学结构；（b）TASN 四醇结构及含 TASN 的交联聚氨酯合成方法

图 3-24　TASN 衍生物的化学结构和合成方法

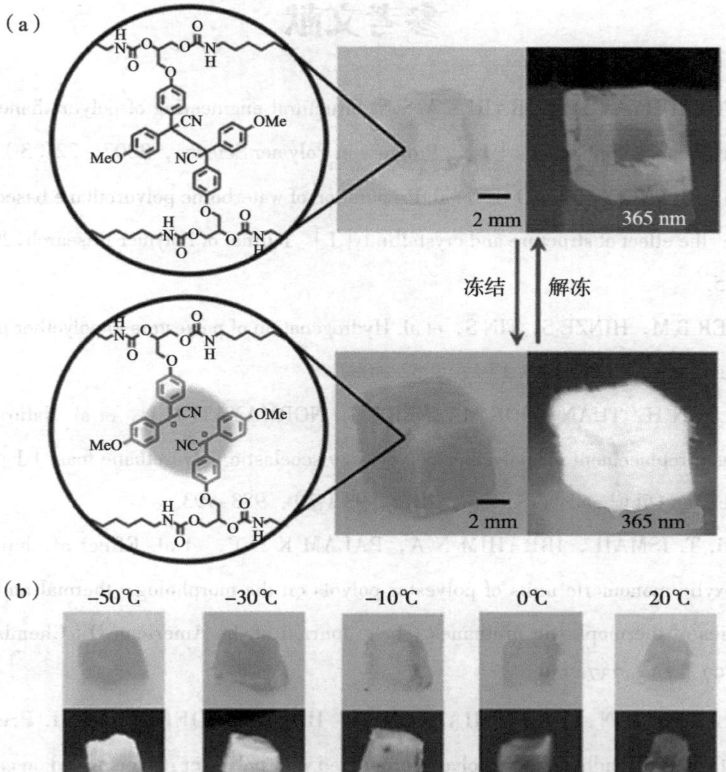

（a）在日光和紫外线照射下 TASN 交联聚氨酯凝胶在冷冻和解冻后的颜色变化；（b）TASN 凝胶在不同温度下的解离比以及相应的照片（-50℃至 20℃）

图 3-25　温度敏感的 TASN 交联聚氨酯凝胶

参考文献

[1] CHATTOPADHYAY D K，RAJU K V S N. Structural engineering of polyurethane coatings for high performance applications [J]. Progress in Polymer Science，2007，32 (3)：352–418.

[2] DIAO S，ZHANG Y，ZHAO C，et al. Preparation of waterborne polyurethane based on different polyols：the effect of structure and crystallinity[J]. Journal of Polymer Research，2022，29(3)：105–115.

[3] STADLER B M，HINZE S，TIN S，et al. Hydrogenation of polyesters to polyether polyols [J]. ChemSusChem，2019，12 (17)：4082–4087.

[4] NURUL'AIN H，TUAN NOOR MAZNEE T I，NORHAYATI M N，et al. Natural palm olein polyol as a replacement for polyether polyols in viscoelastic polyurethane foam [J]. Journal of the American Oil Chemists' Society，2016，93 (7)：983–993.

[5] T. N. M. T. ISMAIL，IBRAHIM N A，PALAM K D P，et al. Effect of chain length for dicarboxylic monomeric units of polyester polyols on the morpholog; thermal and mechanical properties of thermoplastic urethanes [J]. Journal of the American Oil Chemists' Society，2020，97 (7)：737–749.

[6] MOGHADAM P N，YARMOHAMADI M，HASANZADEH R，et al. Preparation of polyurethane wood adhesives by polyols formulated with polyester polyols based on castor oil [J]. International Journal of Adhesion and Adhesives，2016，68：273–282.

[7] LIU H，ZHANG Z，ZHU Y，et al. Modification of asphalt using polyurethanes synthesized with different isocyanates [J]. Construction and Building Materials，2022，327：126959.

[8] MUURONEN M，DEGLMANN P，TOMOVIC Z. Design principles for rational polyurethane catalyst development [J]. The Journal of Organic Chemistry，2019，84 (13)：8202–8209.

[9] HONARKAR H. Waterborne polyurethanes：A review [J]. Journal of Dispersion Science and Technology，2018，39 (4)：507–516.

[10] LIU C，QIN H，MATHER P T. Review of progress in shape–memory polymers [J]. Journal of Materials Chemistry，2007，17 (16)：1543–1558.

[11] YANG R，LI M D，ZHANG X，et al. Preparation of a catalyst–free and water–blown rigid polyurethane foam from malic–co–citric acid–based polyols [J]. Industrial Crops and Products，2021，169：113648.

[12] SUN N，DI M，LIU Y. Lignin–containing polyurethane elastomers with enhanced mechanical properties via hydrogen bond interactions [J]. International Journal of Biological

Macromolecules, 2021, 184: 1-8.

[13] YU X L, WANG B B, JIA P F, et al. Effects of graphene nanosheets decorated by cerium stannate on the enhancement of flame retardancy and mechanical performances of flexible polyurethane foam composites [J]. Polymers for Advanced Technologies, 2022, 33 (1): 290-302.

[14] ZHANG W, LEI Y, LI X T, et al. A facile; environmentally friendly flame-retardant: synergistic flame retardant property of polyurethane rigid foam [J]. Materials Letters, 2020, 267: 127542.

[15] CAKIC S M, RISTIC I S, DJORDJEVIC D M, et al. Effect of the chain extender and selective catalyst on thermooxidative stability of aqueous polyurethane dispersions [J]. Progress in Organic Coatings, 2010, 67 (3): 274-280.

[16] RABNAWAZ M, LIU G, HU H. Fluorine-free anti-smudge polyurethane coatings [J]. Angewandte Chemie International Edition, 2015, 54 (43): 12722-12727.

[17] PAN Z, REN Y, SONG N, et al. Multifunctional mixed micelles cross-assembled from various polyurethanes for tumor therapy [J]. Biomacromolecules, 2016, 17 (6): 2148-2159.

[18] BUCHNER G A, RUDOLPH M, NORWIG J, et al. Kinetic investigation of polyurethane rubber formation from CO_2-containing polyols [J]. Chemie Ingenieur Technik, 2020, 92 (1-2): 199-208.

[19] HERRÁN R, MOLINARI F N, BILBAO E, et al. Fabrication of electrospun fibers from a waterborne soy-based polyurethane employing polyethylene oxide as a conformer [J]. Journal of Applied Polymer Science, 2020, 137 (31): 49815.

[20] OLSZEWSKI A, KOSMELA P, MIELECWIK-GRYN A, et al. Bio-based polyurethane composites and hybrid composites containing a new type of bio-polyol and addition of natural and synthetic fibers [J]. Materials, 2020, 13 (9): 2028.

[21] WU Y,HU J L,HUANG H H,et al. Memory chromic polyurethane with tetraphenylethylene[J]. Journal of Polymer Science Part B: Polymer Physics, 2014, 52 (1): 104-110.

[22] NIU Y Q, HE T, SONG J, et al. A new AIE multi-block polyurethane copolymer material for subcellular microfilament imaging in living cells [J]. Chemical Communications, 2017, 53 (54): 7541-7544.

[23] SUN W, WANG Z, WANG T, et al. Protonation-induced room-temperature phosphorescence in fluorescent polyurethane [J]. The Journal of Physical Chemistry A, 2017, 121 (21): 4225-4232.

[24] ZHANG Z, WU Z, SUN J, et al. Multi-color solid-state emission of β-iminoenolate boron complexes tuned by methoxyl groups: aggregation-induced emission and mechanofluorochromism [J]. RSC Advances, 2016, 6 (49): 43755-43766.

[25] CHE W, LI G, LIU X, et al. Selective sensing of 2,4,6-trinitrophenol (TNP) in aqueous media with "aggregation-induced emission enhancement" (AIEE)-active iridium (III) complexes [J].

Chemical Communications, 2018, 54 (14): 1730–1733.

[26] XU B, XIE M, HE J, et al. An aggregation–induced emission luminophore with multi–stimuli single– and two–photon fluorescence switching and large two–photon absorption cross section [J]. Chemical Communications, 2013, 49 (3): 273–275.

[27] YU C J, HAO E H, FANG X B, et al. AIE–active difluoroboronated acylhydrozone dyes (BOAHY) emitting across the entire visible region and their photo–switching properties [J]. Journal of Materials Chemistry C, 2019, 7 (11): 3269–3277.

[28] LI Q, LI Z. The strong light–emission materials in the aggregated state: what happens from a single molecule to the collective group [J]. Advanced Science, 2017, 4 (6): 1600484.

[29] YANG J, QIN J, GENG P, et al. Molecular conformation–dependent mechanoluminescence: same mechanical stimulus but different emissive color over time [J]. Angewandte Chemie International Edition, 2018, 57 (43): 14174–14178.

[30] JIANG Y, LI G, CHE W, et al. A neutral dinuclear Ir (III) complex for anti–counterfeiting and data encryption [J]. Chemical Communications, 2017, 53 (17): 3022–3025.

[31] JIANG N, LI G F, ZHANG B H, et al. Aggregation–induced long–lived phosphorescence in nonconjugated polyurethane derivatives at 77 K [J]. Macromolecules, 2018, 51 (11): 4178–4184.

[32] FAN Z X, ZHAO Q H, WANG S, et al. Polyurethane foam functionalized with an AIE–active polymer using an ultrasonication–assisted method: preparation and application for the detection of explosives [J]. RSC Advances, 2016, 6 (32): 26950–26953.

[33] PEYRTON J, AVEROUS L. Structure–properties relationships of cellular materials from biobased polyurethane foams [J]. Materials Science and Engineering: R: Reports, 2021, 145: 100608.

[34] AKINDOYO J O, BEG M D H, GHAZALI S, et al. Polyurethane types; synthesis and applications—a review [J]. RSC Advances, 2016, 6 (115): 114453–114482.

[35] KIRCHHECKER S, DELL'ACQUA A, ANGENVOORT A, et al. HMF–glycerol acetals as additives for the debonding of polyurethane adhesives [J]. Green Chemistry, 2021, 23 (3): 957–965.

[36] FU P Y, YI S Z, WANG Z H, et al. TADF regulation by tuning keto–energy levels, ISC/RISC equilibrium in coordination polymers with excited state intramolecular proton transfer (ESIPT) [J]. Advanced Optical Materials, 2024, 12 (5): 2303025.

[37] GOPINATH A, SUBARAJA M, NASAR A S. Fluorescent shape–memory hyperbranched polyurethanes: synthesis; characterization and evaluation of cytotoxicity [J]. European Polymer Journal, 2018, 108: 517–528.

[38] WANG K, LU H, LIU B B, et al. Multi–stimuli–responsive fluorescence of AEE polyurethane films [J]. European Polymer Journal, 2018, 101: 225–232.

［39］LIU B B，WANG K，LU H，et al. Thermally responsive AIE–active polyurethanes based on a tetraaniline derivative［J］. RSC Advances，2020，10（67）：41424–41429.
［40］WANG T，ZHOU C，ZHANG X Y，et al. Waterborne polyurethanes prepared from benzophenone derivatives with delayed fluorescence and room–temperature phosphorescence［J］. Polymer Chemistry，2018，9（11）：1303–1308.
［41］KUMAR R，YADAV R，KOLHE M A，et al. 8–Hydroxypyrene–1,3,6–trisulfonic acid trisodium salt（HPTS）based high fluorescent；pH stimuli waterborne polyurethane coatings［J］. Polymer，2018，136：157–165.
［42］LIU H T，HU T T，WANG D，et al. Preparation of fluorescent waterborne polyurethane nanodispersion by high–gravity miniemulsion polymerization for multifunctional applications［J］. Chemical Engineering and Processing – Process Intensification，2019，136：36–43.
［43］SUTAR P，MAJI T K. Coordination polymer gels：soft metal–organic supramolecular materials and versatile applications［J］. Chemical Communications，2016，52（53）：8055–8074.
［44］SUTAR P，MAJI T K. Recent advances in coordination–driven polymeric gel materials：design and applications［J］. Dalton Transactions，2020，49（24）：7658–7672.
［45］CONG H，ZHOU L，MENG Q，et al. Preparation and evaluation of PAMAM dendrimer–based polymer gels physically cross–linked by hydrogen bonding［J］. Biomaterials Science，2019，7（9）：3918–3925.
［46］NEACSU I A，STOICA A E，VASILE B S，et al. Luminescent hydroxyapatite doped with rare earth elements for biomedical applications［J］. Nanomaterials，2019，9（2）：239.
［47］BARUAH U，MANNA U. The synthesis of a chemically reactive and polymeric luminescent gel［J］. Chemical Science，2020，12（6）：2097–2107.
［48］PERES L B，DOS ANJOS R S，TAPPERTZHOFEN L C，et al. pH–responsive physically and chemically cross–linked glutamic–acid–based hydrogels and nanogels［J］. European Polymer Journal，2018，101：341–349.
［49］PEHLIVANER KARA M O，EKENSEAIR A K. In situ spray deposition of cell–loaded；thermally and chemically gelling hydrogel coatings for tissue regeneration［J］. Journal of Biomedical Materials Research Part A，2016，104（9）：2383–2393.
［50］WANG C，ZHANG P，XIAO W，et al. Visible–light–assisted multimechanism design for one–step engineering tough hydrogels in seconds［J］. Nature Communications，2020，11：4694.
［51］TIAN S Q，FAN H J，CHEN Y，et al. A photochromic long persistent luminescent polyurethane based on a colour conversion process［J］. New Journal of Chemistry，2017，41（24）：15405–15410.
［52］KATO S，ISHIZUKI K，AOKI D，et al. Freezing–induced mechanoluminescence of polymer gels［J］. ACS Macro Letters，2018，7（9）：1087–1091.

第 4 章
生物分子

4.1 概述

在首次报道 PAMAM 树状大分子的非传统本征发光（NTIL）后的三年内，舒克拉（Shukla）等人在 2004 年探讨了几种非芳香单元（传统发光体）的脂族聚肽和蛋白质的类似 NTIL 性质。但这些工作在当时并未得到足够的重视。直到 2007 年，德尔·梅尔卡托（del Mercato）等人报道了一种脂肪族弹性蛋白型肽的特征 NTIL 发射。有证据表明，这些交叉 β 结构中的氢键自组装结构引起了淀粉样原纤维的形成，并且这种自组装与观察到的 NTIL 特性息息相关。陈（Chan）等人的后续工作表明，可重复的 NTIL 发射特征（激发波长 Ex. = 355 nm；发射波长 Em. = 440 nm）可用于体外和体内分析监测淀粉样蛋白纤维的形成，这对深入了解与阿尔茨海默病和帕金森病等神经退行性疾病相关的类似的蛋白质错误折叠组装过程具有深远意义。2017 年，陈（Chen）等人和穆施霍尔（Muschol）等人发现，复杂蛋白质中的大量交叉 β 氢键结构并不是产生 NTIL 特性所必需的。在简单的非芳香氨基酸中，甚至在甲醛、丙酮和丙烯酰胺等含羰基的简单分子中，也可以观察到 NTIL 现象。

4.2 生物基聚合物、蛋白质、多肽和氨基酸的结构

早在 2004 年，舒克拉（Shukla）等人就首次报道了各种脂肪族多肽和蛋白质具有令人意外的蓝色荧光，这让人想起了结构中缺乏芳香单元或传统发光体

的非传统发光材料。这些物质的荧光强度似乎具有浓度依赖性，甚至可以在固态下观察到这些生物聚合物的荧光。作者猜想肽酰胺电子由于分子内 / 分子间氢键而离域，从而导致前所未有的电子激发，进而产生更长波长的发射。此外，他们还报道了一些荧光漂白恢复以及碘化钾响应的光猝灭体系。但是直到 2007 年这项有趣的工作才被大家关注到，当时德尔 · 梅卡托（del Mercato）等人报道了脂肪族弹性蛋白型肽，即 poly（ValGlyGly Leu Gly）的类似观察结果。研究人员利用原子力显微镜（AFM）、扫描隧道显微镜（STM）和共聚焦显微镜等手段监测了多肽在形成淀粉样纳米原纤维时的自组装过程，并通过 NTIL 发射（激发波长 Ex. = 405 nm；发射波长 Em. = 465 nm）来监测这种聚肽的自组装（图 4–1）。这项工作表明，在这些氢键聚酰胺团簇中的质子传输使这些系统具有足够的导电性，从而可以用 STM 成像。

牛 γ,β– 结晶蛋白和溶菌酶的球状蛋白在激发波长 Ex. = 315/385 nm；发射波长 Em. = 465 nm 和激发波长 Ex. = 315/385 nm；发射波长 Em. = 463 nm 处表现出 NTIL 发射。据古普塔萨尔马（Guptasarma）等人的研究，这些发射既可以在溶液中观察到，也可以在固态下观察到。作者解释说，这种让人意想不到的蓝色荧光是由于 C=O 和 –NH 基团之间的强氢键产生了松散的离域电子，这些电子被紫外线激发并跃迁，从而产生 NTIL 发射（图 4–2）。

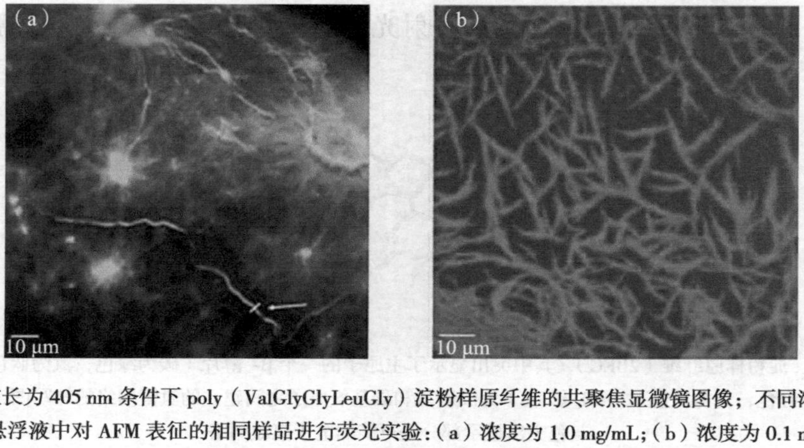

在激发波长为 405 nm 条件下 poly（ValGlyGlyLeuGly）淀粉样原纤维的共聚焦显微镜图像；不同浓度的原纤维悬浮液中对 AFM 表征的相同样品进行荧光实验：（a）浓度为 1.0 mg/mL；（b）浓度为 0.1 mg/mL

图 4–1　Poly（ValGlyGlyLeuGly）淀粉样原纤维的荧光实验

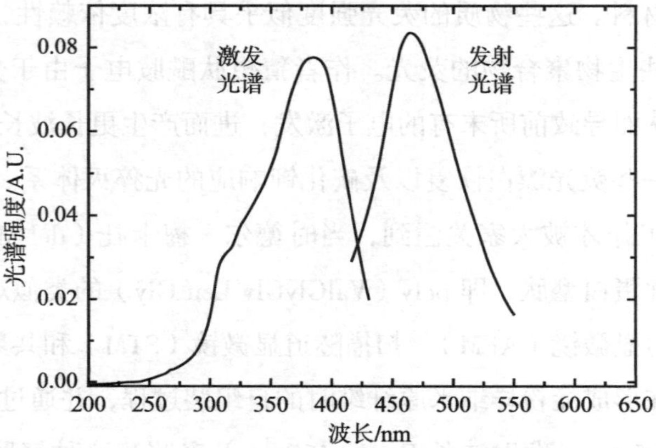

图 4-2　100 mg/mL 的牛 γ,β- 结晶蛋白溶液中观察到的新型肽荧光团的激发、发射光谱

夏普（Sharpe）等人对八肽 GVGVAGVG 自组装形成的淀粉样原纤维的二级结构和动态特性进行了深入分析。图 4-3 揭示了原纤维中肽的片状构象，这些原纤维组装成淀粉样交叉 β- 片状结构。如图 4-4 所示，由于主链氢键内的电子离域，这些原纤维表现出优异的 NTIL 发射（激发波长 Ex. = 358 nm；发射波长 Em. = 460 nm）。

2020 年，陈（Chan）等人首次将 NTIL 特性用于监测蛋白质淀粉蛋白的自组装和聚集过程。通过追踪 NTIL 的发射信号（激发波长 Ex. = 335 nm；发射波长 Em. = 440 nm），监测了随着时间变化的蛋清溶菌酶（HEWL）聚集过程（图 4-5）。HEWL 的激发和发射光谱与聚集程度有关，总荧光强度随

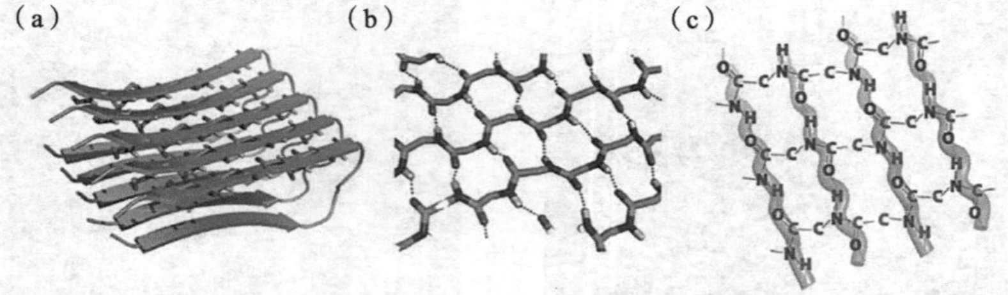

（a）$A\beta_{42}$ 淀粉样原纤维（2BEG），其中突出显示了主原子的一个 β- 薄片（碳为绿色，氮为蓝色，氧为红色，氢为灰色）。（b）和（c）为酰胺氢和羰基氧原子之间建立的氢键网络的特写图，灰色突出显示部分是可能的电子离域网络

图 4-3　氢键的形成可能引起参与氢键的肽轨道电子的离域

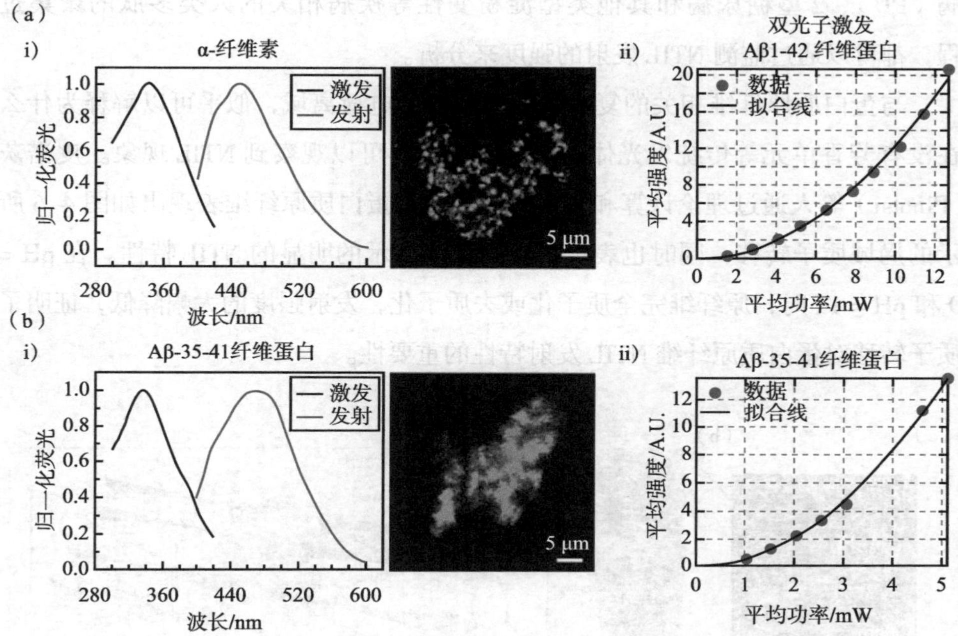

（a）$A\beta_{1-42}$ 的激发和发射光谱和使用共聚焦显微镜获得的未标记聚集体的相应荧光图像；（b）$A\beta_{35-41}$ 的激发和发射光谱和使用共聚焦显微镜获得的未标记聚集体的相应荧光图像（Ex. = 365 nm；Em. = 450 nm）

图 4-4　$A\beta_{1-42}$ 和 $A\beta_{35-41}$ 的光谱和荧光图像

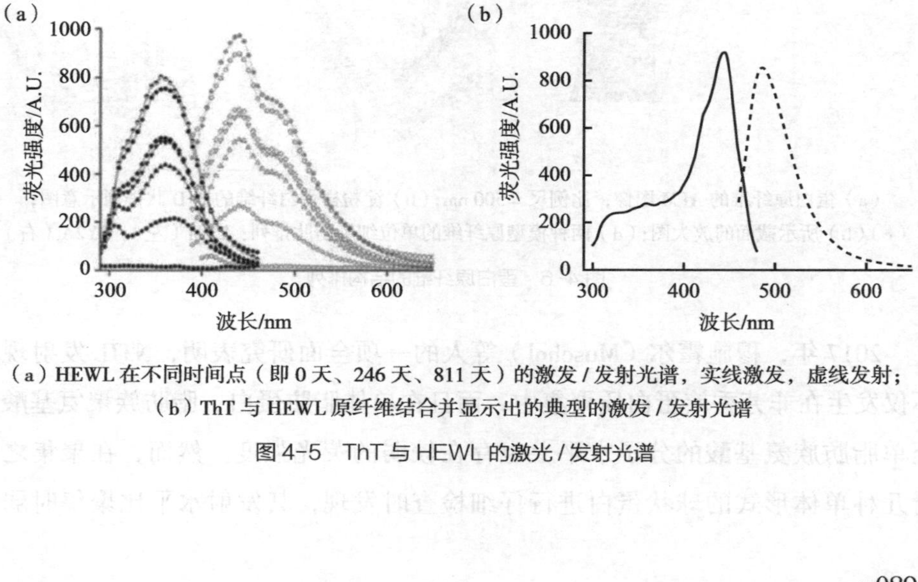

（a）HEWL 在不同时间点（即 0 天、246 天、811 天）的激发 / 发射光谱，实线激发，虚线发射；

（b）ThT 与 HEWL 原纤维结合并显示出的典型的激发 / 发射光谱

图 4-5　ThT 与 HEWL 的激光 / 发射光谱

聚集时间的增加而增加。这项工作表明，与阿尔茨海默病（AD）、帕金森病（PD）、2 型糖尿病和其他类型淀粉变性等疾病相关的人类多肽的聚集过程，都可以通过监测 NTIL 发射的强度来分析。

与蛋白质原纤维相关的复杂氢键网络中的电荷离域，似乎可以解释为什么在没有芳香单元等传统发光体的情况下，依然可以观察到 NTIL 现象。皮诺茨（Pinotsi）等人通过理论计算和实验分析证明了蛋白质原纤维表现出如图 4-6 所示的局域质子转移，同时也表现出如图 4-4 所示的明显的 NTIL 特性。在 pH = 0 和 pH = 14 时，原纤维完全质子化或去质子化，发射强度的大幅降低，证明了质子转移对蛋白质原纤维 NTIL 发射特性的重要性。

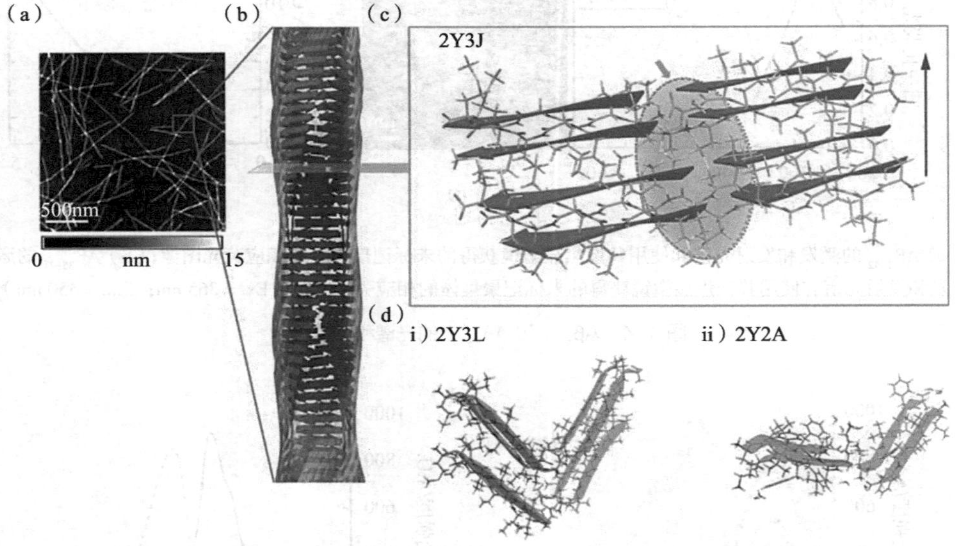

（a）蛋白原纤维的 AFM 图像，比例尺 = 500 nm；（b）淀粉样蛋白纤维的 3-D 肽排列示意图；（c）（b）所示截面的放大图；（d）两种模型原纤维的单位细胞的肽排列：2YM（左）、2Y2A（右）

图 4-6 蛋白原纤维的结构排列

2017 年，穆施霍尔（Muschol）等人的一项全面研究表明，NTIL 发射现象不仅发生在非芳香族蛋白质聚集中，而且在单体脂肪蛋白、脂肪族聚氨基酸甚至单脂肪族氨基酸的分子水平上也存在较弱的荧光强度。然而，在聚集之前对几种单体形式的球状蛋白进行仔细检查时发现，其发射水平比聚集时弱得多，这揭示了 NTIL 的特征性发射行为。3 种未聚集蛋白的 NTIL 发射特性如下：（a）HEWL、（b）β- 乳球蛋白（BGL）以及（c）牛血清白蛋白（BSA）如图 4-7（a）~（c）所示。图 4-7（d）则为 BGL 和 HEWL 的发射强度与浓度的线性对数图。

据推测，两种单体蛋白质及其聚集体表现出的 NTIL 行为可以通过二级结构间形成的分子间氢键来解释。其中，α- 螺旋或 β- 折叠构象是电子离域的来源。

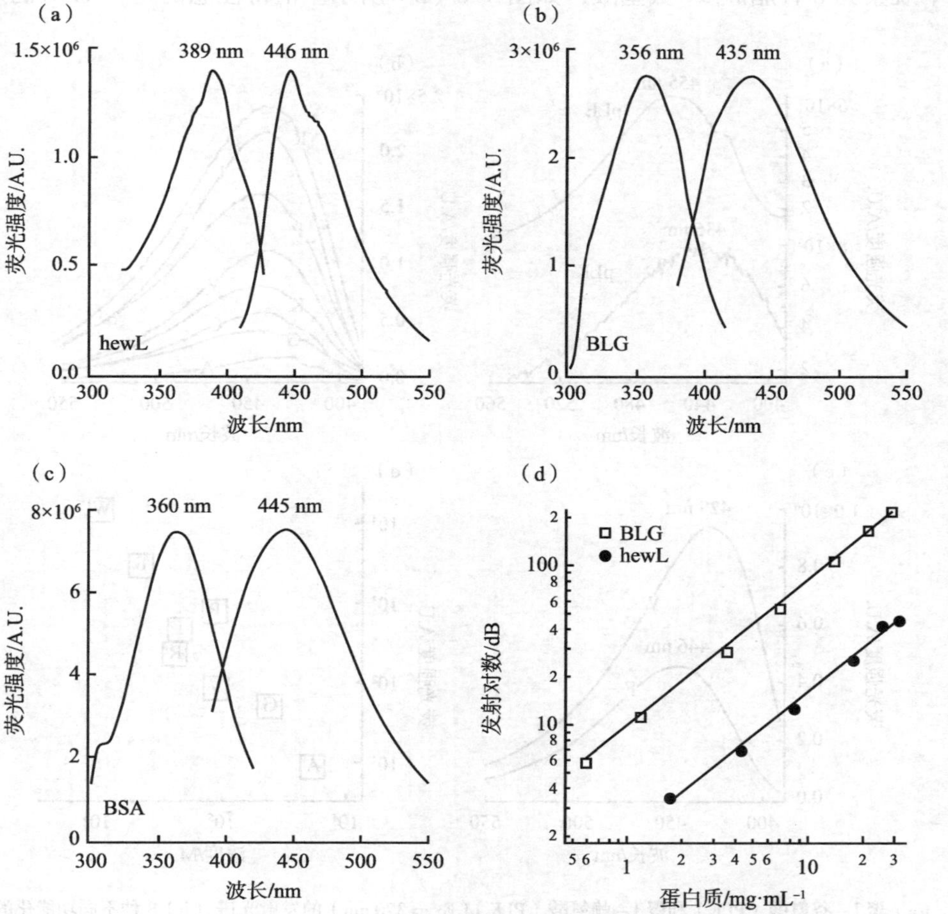

（a）HEWL；（b）β- 乳球蛋白（BGL）；（c）牛血清白蛋白（BSA）；
（d）BGL 和 HEWL 的浓度依赖性 NTIL 发射对数

图 4-7 球状蛋白的激发 / 发射光谱

然而，人们开始有这样一个疑问：不太复杂的分子前体，如聚氨基酸或简单氨基酸，能否表现出 NTIL 发射行为？

令人惊讶的是，人们发现与单体蛋白相比，具有无规螺旋构象的聚氨基酸，如聚 L- 谷氨酸（PLE）（激发波长 Ex = 370 nm；发射波长 Em = 455 nm）和聚 -L- 赖氨酸（PLK）（激发波长 Ex. = 370 nm；发射波长 Em. = 435 nm），确实表现出相似但较弱的 NTIL 发射强度，如图 4-8（a）所示。类似地，在同等条件下观察到 8 种脂族 α- 氨基酸，如图 4-8（b）所示。值得注意的是，NTIL 的发

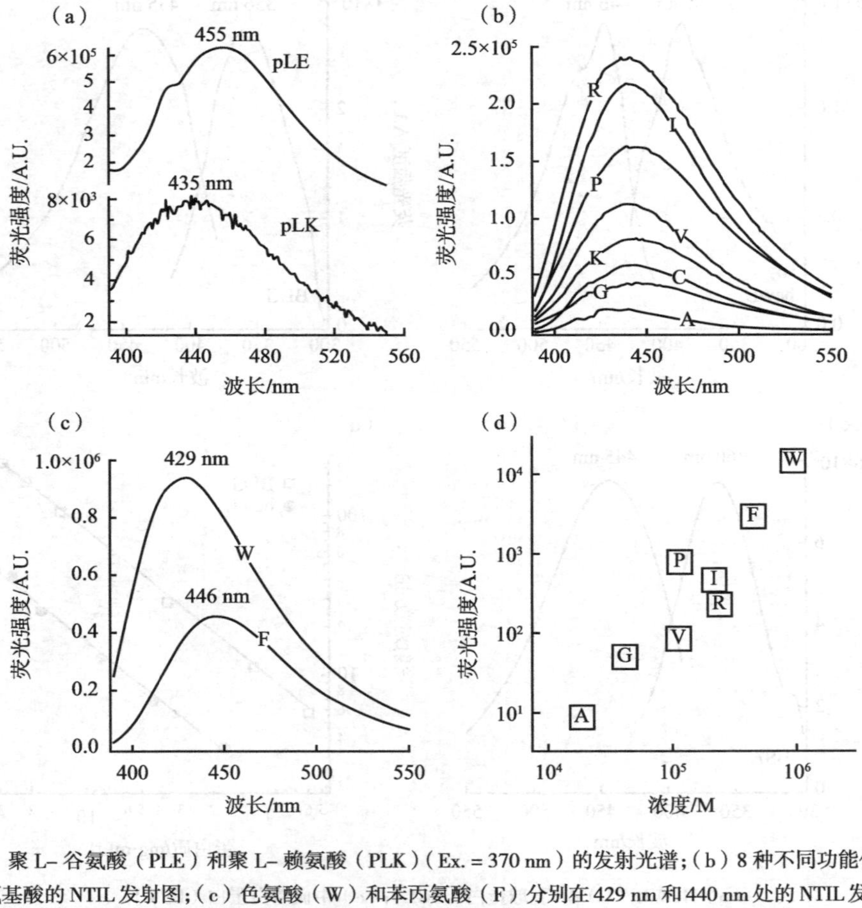

（a）聚 L- 谷氨酸（PLE）和聚 L- 赖氨酸（PLK）（Ex. = 370 nm）的发射光谱；（b）8 种不同功能化的 α- 氨基酸的 NTIL 发射图；（c）色氨酸（W）和苯丙氨酸（F）分别在 429 nm 和 440 nm 处的 NTIL 发射图；（d）6 种常见脂肪族氨基酸在固体、结晶状态与溶液中平均 NTIL 发射的相关性图，并且与两种芳香氨基酸（即苯基丙氨酸和色氨酸）进行了比较

图 4-8　聚 L- 谷氨酸和聚 L- 赖氨酸的光致发光性质

射强度随不同的 α- 氨基酸取代基而变化。观察 8 种常见脂族化合物平均 NTIL 发射量的相关性，绘制了固态、晶态氨基酸与溶液的关系图，人们发现芳香族氨基酸如色氨酸（W）和苯丙氨酸（F）的发射强度明显更强［图 4-8（c）］。并将其与两种芳香族 α- 氨基酸进行了比较，如图 4-8（d）所示。如前所述，与脂肪族取代基相比，芳香族取代基稍微提高了发射水平。

2017 年，陈（Chen）等人发现，结晶或高度聚集状态的非芳香族氨基酸具有强烈的室温磷光，并且具有典型的 NTIL 特性（激发波长 Ex. = 365 nm；发射波长 Em. = 440 ~ 483 nm）。如图 4-9 所示，8 种不同取代基的简单非芳香氨基酸（简单烷烃、$-OH$、$-SH$、$C=O$ 和 $-NH_2$）的发射光谱呈现出依赖于激发的特性，它们的 QY 在 0.3% 到 7.4% 之间。总之，这一次的研究首次证明了在含有羰基的普通小分子溶剂和试剂中可以观察到明显的蓝移 NTIL 发射，尽管这种发射相对较弱。

更具体地说，如图 4-10 所示，甲醛（激发波长 Ex. = 327 nm；发射波长 Em. = 403 nm）和甲醇、丙酮（激发波长 Ex. = 265 nm，292 nm；发射波长 Em. = 407 nm）和异丙醇、丙烯酰胺（激发波长 Ex. = 340 nm；发射波长 Em. = 423 nm）和脯氨酸（激发波长 Ex. = 298 nm，370 nm；发射波长 Em. = 448 nm）都具有 NTIL 发射，而非羰基结构的醇类几乎没有表现出吸收或 NTIL 发射。

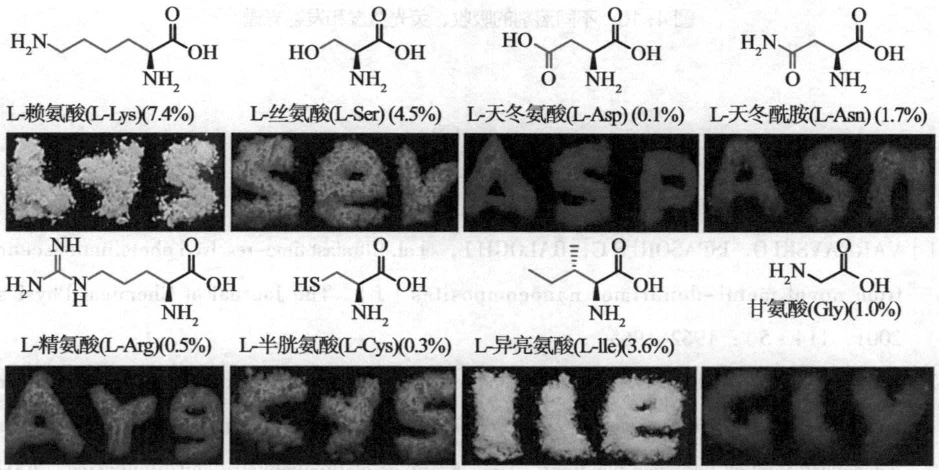

图 4-9　8 种非芳香 α- 氨基酸在 365 nm 紫外灯照射下拍摄的重结晶固体样品的照片

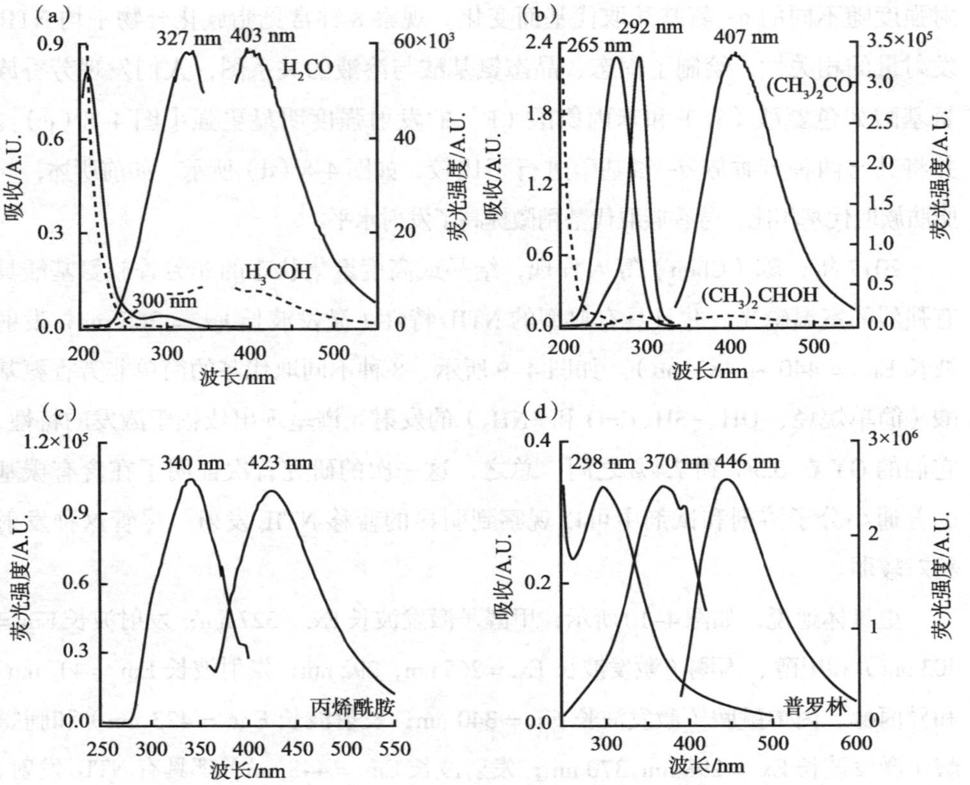

（a）甲醛（CH_2O）和甲醇（MeOH）；（b）丙酮［$(CH_3)_2CO$］和异丙醇［$(Me)_2CHOH$］；
（c）丙烯酰胺的激发 / 发射光谱；（d）脯氨酸的激发 / 发射光谱

图 4-10　不同溶剂的吸收、荧光激发和发射光谱

参考文献

［1］VARNAVSKI O，ISPASOIU R G，BALOGH L，et al. Ultrafast time-resolved photoluminescence from novel metal-dendrimer nanocomposites［J］. The Journal of Chemical Physics，2001，114（5）：1962-1965.

［2］SHUKLA A，MUKHERJEE S，SHARMA S，et al. A novel UV laser-induced visible blue radiation from protein crystals and aggregates：scattering artifacts or fluorescence transitions of peptide electrons delocalized through hydrogen bonding?［J］. Archives of Biochemistry and Biophysics，2004，

428（2）：144–153.

[3] DEL MERCATO L L，POMPA P P，MARUCCIO G，et al. Charge transport and intrinsic fluorescence in amyloid-like fibrils [J]. Proceedings of the National Academy of Sciences of the United States of America，2007，104（46）：18019–18024.

[4] CHAN F T S，KAMINSKI SCHIERLE G S，KUMITA J R，et al. Protein amyloids develop an intrinsic fluorescence signature during aggregation [J]. Analyst，2013，138（7）：2156–2162.

[5] CHEN X，LUO W，MA H，et al. Prevalent intrinsic emission from nonaromatic amino acids and poly（amino acids）[J]. Science China Chemistry，2017，60（3）：351–359.

[6] NIYANGODA C，MITI T，BREYDO L，et al. Carbonyl-based blue autofluorescence of proteins and amino acids [J]. PLOS ONE，2017，12（5）：e0176983.

[7] GUPTASARMA P. Solution-state characteristics of the ultraviolet A-induced visible fluorescence from proteins [J]. Archives of Biochemistry and Biophysics，2008，478（1）：127–129.

[8] SHARPE S，SIMONETTI K，YAU J，et al. Solid-state NMR characterization of autofluorescent fibrils formed by the elastin-derived peptide GVGVAGVG[J]. Biomacromolecules，2011，12(5)：1546–1555.

[9] PINOTSI D，GRISANTI L，MAHOU P，et al. Proton transfer and structure-specific fluorescence in hydrogen bond-rich protein structures [J]. Journal of the American Chemical Society，2016，138（9）：3046–3057.

第 5 章

非共轭聚合物点

5.1 概述

2012 年起，科学家们开始对交联非共轭聚合物点（NCPD）的 NTIL 性质进行研究。研究始于杨（Yang）等人报道的工作：利用水热方法，处理含有羟基的杂原子发色团（HASL）的非共轭线性聚合物，如聚乙烯醇，以产生共价交联的 NTIL 发射活性 NCPD。这个过程可以适用于其他含有 HASL 的非共轭线性聚合物前体，如 C=O、C=N、N=O、–OH、$-NH_2$ 等。这些 NCPD 是在较低温度下形成交联前体，随后碳化获得碳量子点（CQD）和石墨烯量子点（GQD）。在 HASL 的分子内振动和旋转被抑制的作用下，这些交联的 PDs 的辐射跃迁增强，最终获得蓝色特征发射。

5.2 共价交联非共轭聚合物点

杨（Yang）和朱（Zhu）在 2012 年报道了获得 NTIL 发射材料的另一种通用方法。这种方法为非共轭线性聚合物（如聚乙烯醇或 h–PEI 等）的适度水热碳化。通过这个简单的方案可以获得图 5–1 所示的蓝色荧光交联聚合物点。如图 5–2 所示，这些聚合物点展现出标志性的 NTIL 激发 / 发射特性（激发波长 Ex. = 375 nm；发射波长 Em. = 475 nm）。值得注意的是，这些光致发光发射特性非常依赖于所使用的特定激发光。

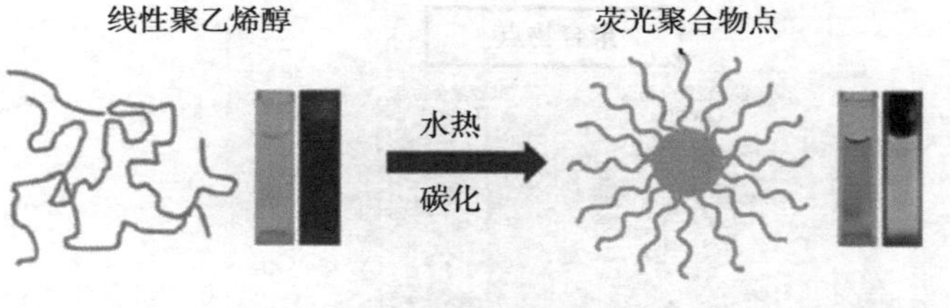

图 5-1　线性聚乙烯醇（PVA）水热交联制备具有蓝色荧光的 NCPD 的过程示意图

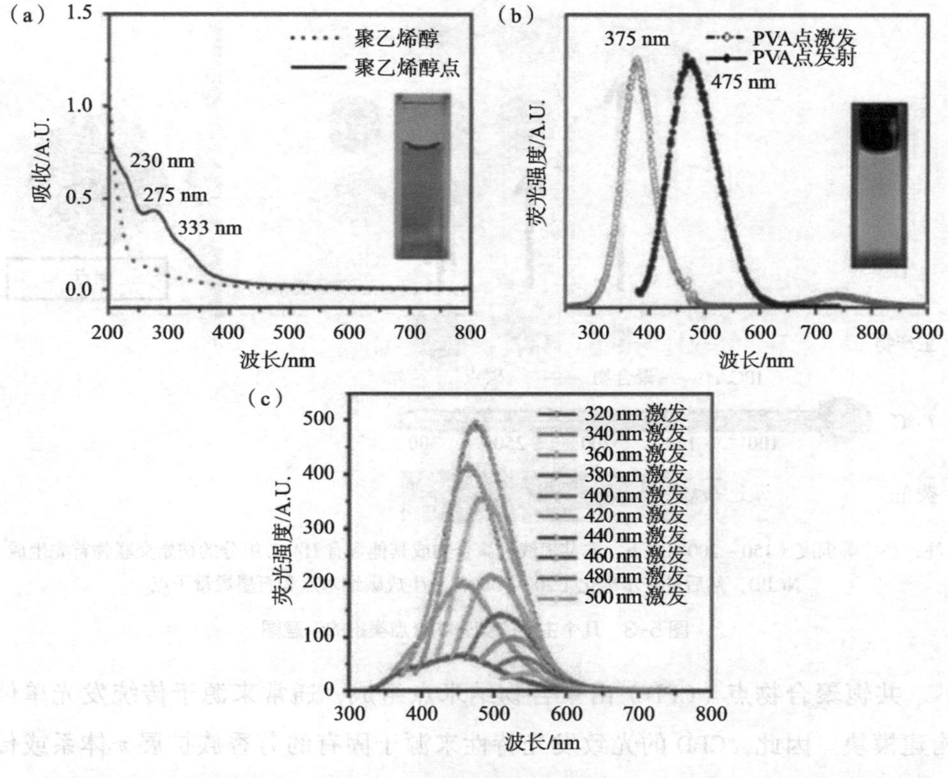

（a）NCPD 水溶液的紫外可见吸收光谱；（b）具有 NTIL 发射特性的 NCPD 水溶液的最佳激发 / 发射荧光光谱（Ex. = 375 nm；Em. = 475 nm）；（c）NCPD 在不同激发波长下的发射光谱

图 5-2　非共轭聚合物点（NCPD）的光学性质

请注意，不要将聚合物点（PD）与碳纳米点（CND）、碳量子点（CQD）或石墨烯量子点（GQD）混淆。PD 是上述物质的交联未碳化前体（图 5-3）。如图 5-3 所示，正如朱（Zhu）等人所指出的，PD 分为两个子类，即共轭聚合物点（CPD）和非共轭聚合物点（NCPD）。

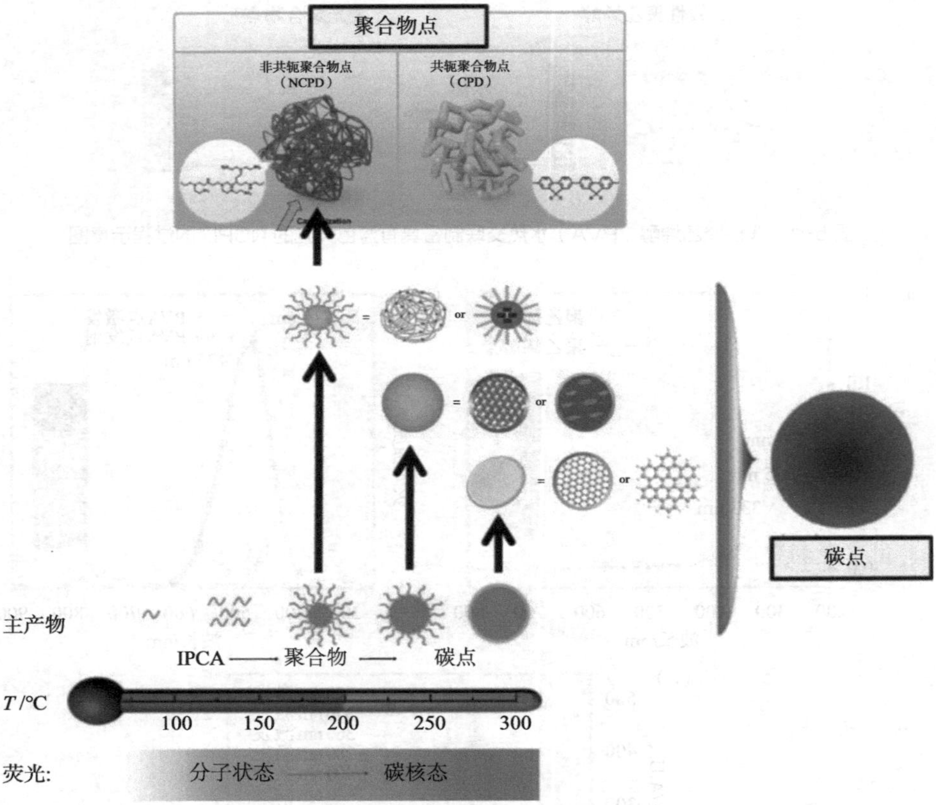

注：在中等温度（150 ~ 200℃）下，非共轭线性聚合物或其他含有 HASL 组分的初始交联物首先生成 NCPD，然后进一步碳化（200 ~ 300℃）生成碳纳米点和石墨烯量子点

图 5-3　几个主要的荧光纳米点类别的示意图

共轭聚合物点（CPD）由聚合物纳米点组成，通常来源于传统发光单体构建模块。因此，CPD 的光致发光特性来源于固有的芳香族扩展 π 体系或传统发光体。相比之下，NCPD 的子类来源于非共轭聚合物或低分子量的起始物料，这些材料不包含任何传统发光团。然而，令人惊讶的是，这些 NCPD 材料表现出强烈的蓝色荧光发射，也就是 NTIL 特性。如朱（Zhu）和杨（Yang）所述，NCPD 是在中等温度的水热条件下形成的初始、第一阶段聚合的交联前体，然后在更高的温度下发展为更多的碳化产物，如 CND、CQD 和 GQD。此外，朱（Zhu）和杨（Yang）指出，这些 NCPD 的非传统荧光似乎来源于两个基本条件：①具有结构刚性的化学交联 / 聚集 / 聚簇；②富含电子的非发射 HASL，

如 C=O、N–H、COOH、C≡N、胺、羟基、腈和其他相关官能团。此外，这些增强的 NTIL 性质源于这些 HASL 通过以下过程的团簇或聚集：①共价交联；②超分子团簇或聚集；③结构诱导的团簇或聚集（如树枝状聚合物和超支化聚合物）；④物理团簇或聚集。

为了更好地理解小分子结构（例如 α- 氨基酸）中 NTIL 的发光机制，陈（Chen）等人研究了 L–Ser 的单晶结构以确定分子堆积和相邻结构分子间的相互作用（图 5–4）。这些数据表明，电子在整个羧酸根离子（COO^-）上的离域作用。此外，有证据表明，在单个分子周围存在大量涉及氢键的短接触，如 C–H···O=C、N–H··· O=C 和 O–H··· O–H，从而形成了图 5–4 所示的强大的三维分子间网络。这些密集的短接触赋予晶体高度刚性，并产生了图 5–4 所示的“跨空间”的电子相互作用和交流通道，从而产生了离域电子和可见 NTIL 发射。

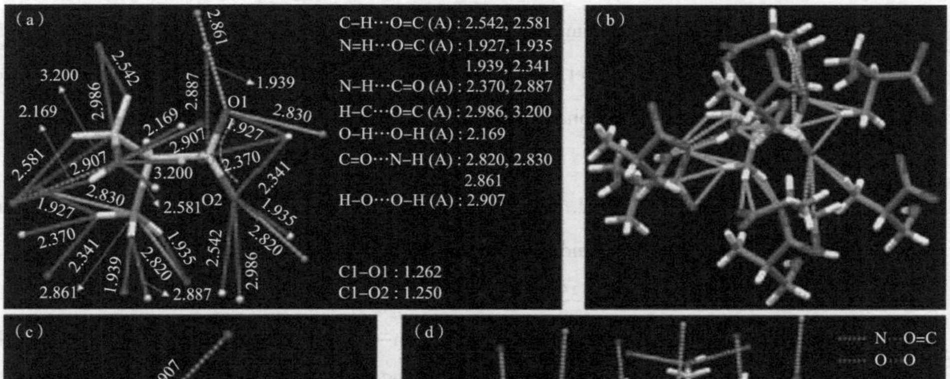

（a–b）L–Ser 的晶体结构及一个分子周围的分子间相互作用；（c）N··· O 和 O··· O 周围一个分子的分子间相互作用；（d）L–Ser 晶体中的三维空间电子交流通道碎片

图 5–4 L–Ser 的晶体结构和分子间相互作用

此外，在其他 NTIL 活性小分子如 1（取代 -4- 甲酯基）吡咯烷酮中，也观察到了在固态下显著增强的蓝色发射，并且这种发射强度会随着在溶液中的稀释而降低。如前所述，与裸胺封端的树状大分子相比，（4- 甲氧基）- 吡咯烷酮缀合在 PAMAM 树枝状大分子表面，显著提高了其 NTIL 发射强度。根据猝灭动力学及相关工作表明，在这些（4- 甲氧基）吡咯烷酮偶联的 PAMAM 体系中可以检测到两个不同的发射位点。因此，人们合理推测，这些嵌入树枝状 / 超支化大分子结构中的 HASL 基团在浓溶液或固态中具有受限的分子内 / 分子间相互作用，所以可以产生 NTIL 发射。

参考文献

[1] ZHU S，ZHANG J，WANG L，et al. A general route to make non-conjugated linear polymers luminescent［J］. Chemical Communications，2012，48（88）：10889–10891.

[2] ZHU S，SONG Y S，SHAO J，et al. Non-conjugated polymer dots with crosslink-enhanced emission in the absence of fluorophore units［J］. Angewandte Chemie International Edition，2015，54（49）：14626–14637.

[3] ZHU S, SONG Y S, ZHAO X, et al. The photoluminescence mechanism in carbon dots（graphene quantum dots，carbon nanodots，and polymer dots）：current state and future perspectives［J］. Nano Research，2015，8（2）：355–381.

[4] SUN B，ZHAO B，WANG D，et al. Fluorescent non-conjugated polymer dots for targeting cell imaging［J］. Nanoscale，2016，8（18）：9837–9841.

[5] WU C, CHIU D T. Highly fluorescent semiconducting polymer dots for biology and medicine［J］. Angewandte Chemie International Edition，2013，52（11）：3086–3109.

[6] YUAN W Z，ZHANG Y. Nonconventional macromolecular luminogens with aggregation-induced emission characteristics［J］. Journal of Polymer Science Part A：Polymer Chemistry，2017，55（4）：560–574.

[7] CHEN X，LUO W，MA H，et al. Prevalent intrinsic emission from nonaromatic amino acids and poly（amino acids）［J］. Science China Chemistry，2017，60（3）：351–359.

[8] TOMALIA D A，HEDSTRAND D M，NIXON L S.Pyrrolidone derivatives，oligomers and polymers：US WO2016/040962A1［P］. 2016-03-17.

[9] JANASZEWSKA A，STUDZIAN M，PETERSON J F，et al. Modified PAMAM dendrimer with 4–carboxypyrrolidone surface groups— its uptake，efflux，and location in a cell [J]. Colloids and Surfaces B：Biointerfaces，2017，159：211–216.
[10] KONOPKA M，JANASZEWSKA A，JOHNSON K A M，et al. Determination of non-traditional intrinsic fluorescence (NTIF) emission sites in 1- (4–carbomethoxypyrrolidone) -PAMAM dendrimers using CNDP–based quenching studies [J]. Journal of Nanoparticle Research，2018，20 (8)：220.

第 6 章 非传统发光小分子

6.1 荧光小分子

非传统发光材料的光致发光机制引起了人们的极大兴趣。然而，到目前为止，这类材料的发光机制研究大多局限于非传统发色团的聚集结构和分子内、分子间 TSC 效应的讨论。事实上，只有少数非传统发色团完全依赖 TSC 相互作用来产生光致发光效应。相反，大多数报道的天然和合成的非传统发色团含有两个或多个连续的不饱和键或带有 n 个电子的原子，它们可以形成 π–π，p–π 或多重共轭。例如，羧基和酰胺基中的 C=O 和 O（或 N）原子可以形成 π–π 共轭，丙烯酰胺中的 C=C、C=O 和 N 原子可以形成 π–π–p 共轭。

2024 年，王（Wang）等人提出了一个新的概念：非芳基价键共轭，即非芳基 TBC（非芳基 TBC 依赖非芳香族不饱和键 / 杂原子的电子共轭，而非苯环等芳香环的 π–π 共轭）。迄今为止，相对于传统发光材料中 π 共轭苯环或芳香族杂环的 TBC，对非芳香族 TBC 在非传统发色团光致发光性质中的影响研究较少。王（Wang）等人深入研究了三种环己二酮（CHD）同分异构体及三种偕二甲基 1,3- 环己二酮（DMCHD）同分异构体［图 6–1（a）］的发光行为与其化学结构、聚集结构及分子间相互作用之间的关系。这些化合物的荧光发射存在显著的差异：在固态时分别发射从蓝色到黄色的荧光，而在溶液中发射从蓝色到黄绿色荧光［图 6–1（b）、图 6–1（c）、图 6–2］。此外，这些化合物的浓度、激发波长和溶剂依赖性荧光发射行为也存在不同。

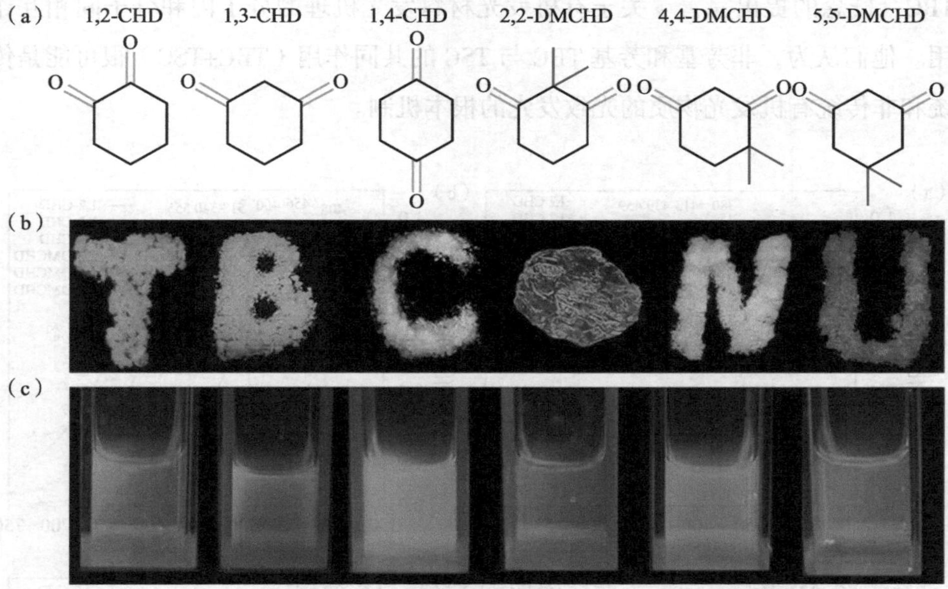

（a）CHD 和 DMCHD 异构体的化学结构；CHD 和 DMCHD 在（b）固态和（c）甲醇溶液（0.2 mol L^{-1}）在 365 nm 紫外光照射下的荧光照片

图 6-1　CHD 和 DMCHD 异构体的化学结构和不同条件下的荧光照片

结构表征表明，部分化合物发生了酮－烯醇式互变异构，而羰基和偕二甲基的位置决定了其能否发生酮－烯醇式互变。与仅具有二酮结构的化合物（如 1,4- 环己二酮和 2,2- 二甲基 1,3- 环己二酮）相比，具有共轭酮－烯醇结构（即非芳基 TBC）的化合物（如 1,3- 环己二酮和 4,4- 二甲基 1,3- 环己二酮）的紫外吸收波长和荧光发射波长都发生红移。理论计算表明，非芳基 TBC 效应能够有效地降低单个分子最高占据分子轨道（HOMO）和最低未占据分子轨道（LUMO）之间的能隙，同时也有利于多个分子在聚集态下形成更强的 TSC（图 6–3）。

该工作证明了非芳基 TBC 和 TSC 的共同作用促使了非传统发色团的红移光致发光，这对理解非传统发色团的发光机理具有重要意义。将传统有机发光材料的芳基 TBC、TSC，以及非传统发色团的非芳基 TSC 放在一起考虑，“非芳基

TBC”概念的提出完善了关于有机发光材料发光机理的分子内和分子间相互作用。他们认为，非芳基和芳基 TBC 与 TSC 的共同作用（TBC+TSC）很可能是传统和非传统有机发光物质的光致发光的根本机制。

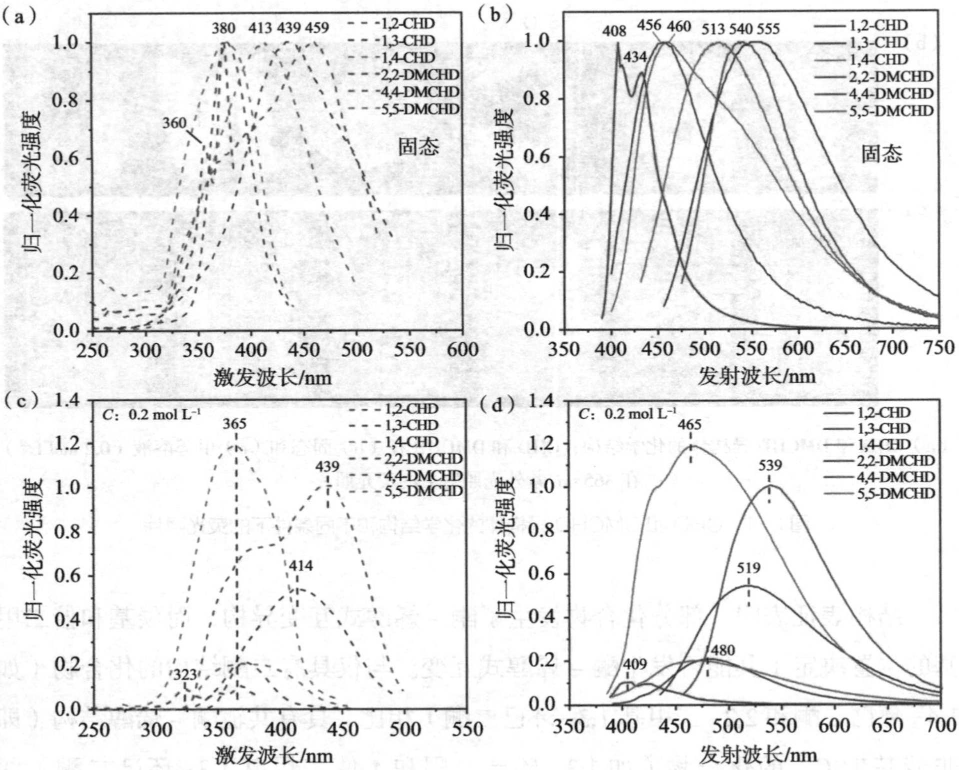

CHD 和 DMCHD 异构体在固态的（a）激发和（b）发射光谱以及其 0.2 mol L^{-1} 甲醇溶液的（c）激发和（d）发射光谱

图 6-2　CHD 和 DMCHD 异构体的光物理性质

6.2　磷光小分子

与传统的大共轭磷光有机发光体相比，非传统磷光发光体具有很好的可调性。例如，由于多种发射团簇的共存，在许多非传统系统中可以实现依赖于激发的颜色可调磷光。更重要的是，非传统发光团的 PL 也可以很容易地通过不

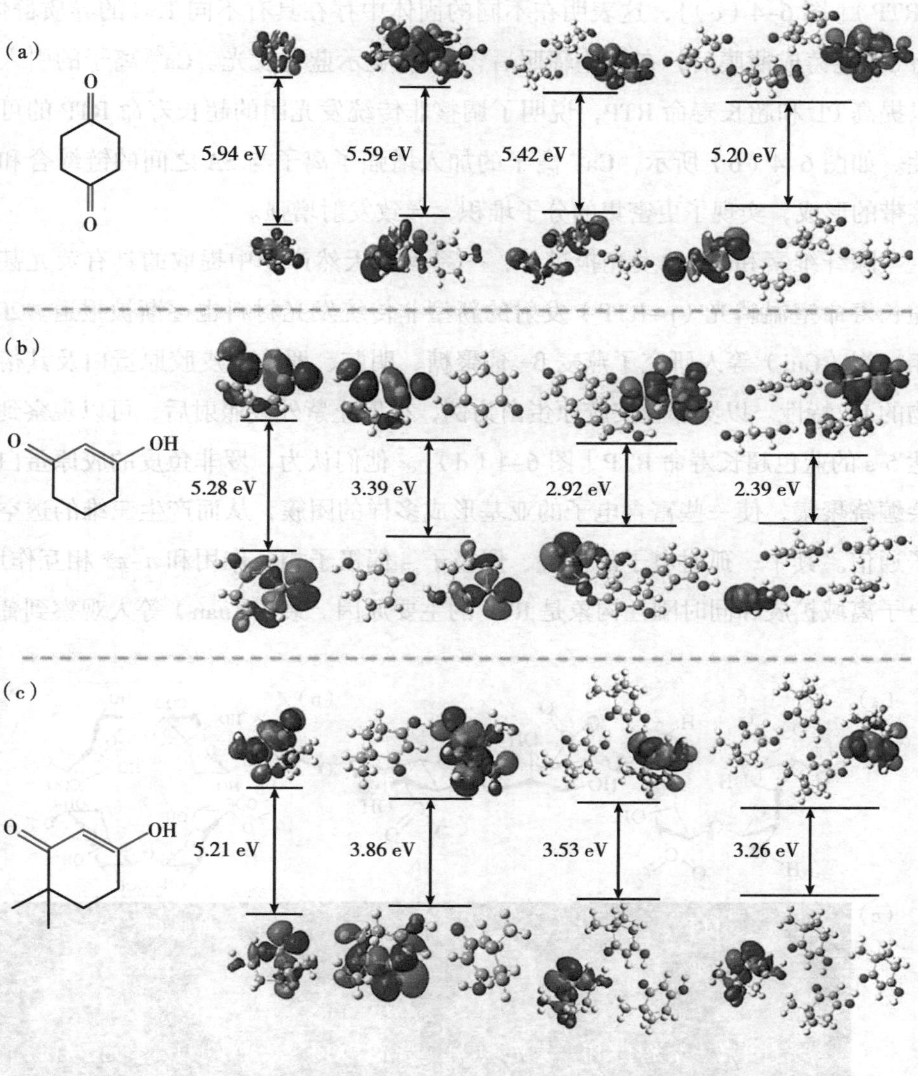

HOMO 和 LUMO 的分子轨道表面及（a）1,4–CHD;（b）1,3–CHD 和（c）4,4–DMCHD 分子的能隙

图 6–3　CHD 和 DMCHD 异构体的分子轨道特征

同的分子和环境条件（包括分子结构）来调节。

杜（Dou）等人研究了海藻酸钠（SA）的发光特性（图 6–4）。在紫外线照射下，海藻酸钠固体粉末呈现蓝白色发光，并观察到明显的绿色室温磷光

（RTP）[图 6-4（c）]，这表明在不同的固体中存在具有不同 TSC 的异质群体。将 SA 浇铸成薄膜后，在停止辐照后，SA 仍显示蓝色发光。Ca^{2+} 离子的引入可以提高 PL 和超长寿命 RTP，说明了调整非传统发光团的超长寿命 RTP 的可能性。如图 6-4（b）所示，Ca^{2+} 离子的加入增强了离子与 SA 之间的链缔合和连接带的形成，实现了更密集的分子堆积，导致发射增强。

除纤维素和 SA 的发光报道外，一系列从天然产物中提取的具有荧光甚至超长寿命室温磷光（p-RTP）发射的新型非传统发光材料也逐渐被报道。2020 年，崔（Cui）等人研究了燕麦 β- 葡聚糖、明胶、罗非鱼皮胶原蛋白及其衍生物的 PL 特性。以罗非鱼皮胶原蛋白为例，在停止紫外线照射后，可以观察到长达 5 s 的蓝色超长寿命 RTP [图 6-4（d）]。他们认为，罗非鱼皮的胶原蛋白链会缠绕聚集，使一些富含电子的亚基形成多样的团簇，从而产生三维的透空电子通信。其中，孤对电子的重叠、偶极子 - 偶极子相互作用和 *n*-*π** 相互作用、电子离域扩展和同时刚性构象是 RTP 的主要原因。袁（Yuan）等人观察到葡聚

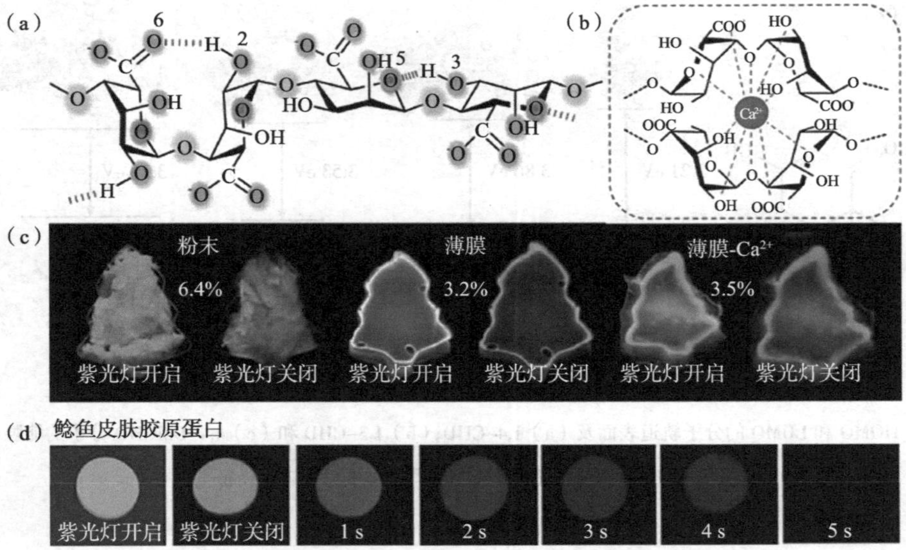

（a）SA 的化学结构；（b）Ca^{2+} 交联效应示意图；（c）粉末、铸造膜和 Ca^{2+} 交联膜在 312 nm 紫外线下或停止辐射后的照片

图 6-4 SA 的化学结构和荧光照片

糖的 p-RTP，其光物理性质与其分子量密切相关。同样，受普通木材余辉 RTP 的启发，陈（Chen）和詹姆斯（James）等人通过将木质素限制在模拟木材基质的三维聚丙烯酸（PAA）网络中，制备了一系列可持续的 RTP 余辉材料。通过改变干燥温度或交联密度，可以很好地调节这些材料的 RTP 发射。

与报道的聚丙烯腈（PAN）体系类似，李（Li）等人从结晶状态的非芳香族氰羧酸中发现了 RTP（图 6-5）。准确地说，据报道，氰乙酸（CAA）晶体具有肉眼可检测的 p-RTP，其磷光寿命（τ_p）高达 862 ms，磷光量子产率 Φ_p 为 2.1%。在晶体结构中，相邻的两个 CAA 分子之间的羰基和羟基通过两个经典的 C=O⋯H−O 氢键（d_{O-O} = 2.63 Å）连接在一起，这种强氢键延伸到整个 CAA 晶体上，增加了分子的刚性，有助于稳定分子构象。更重要的是，多个杂原子和

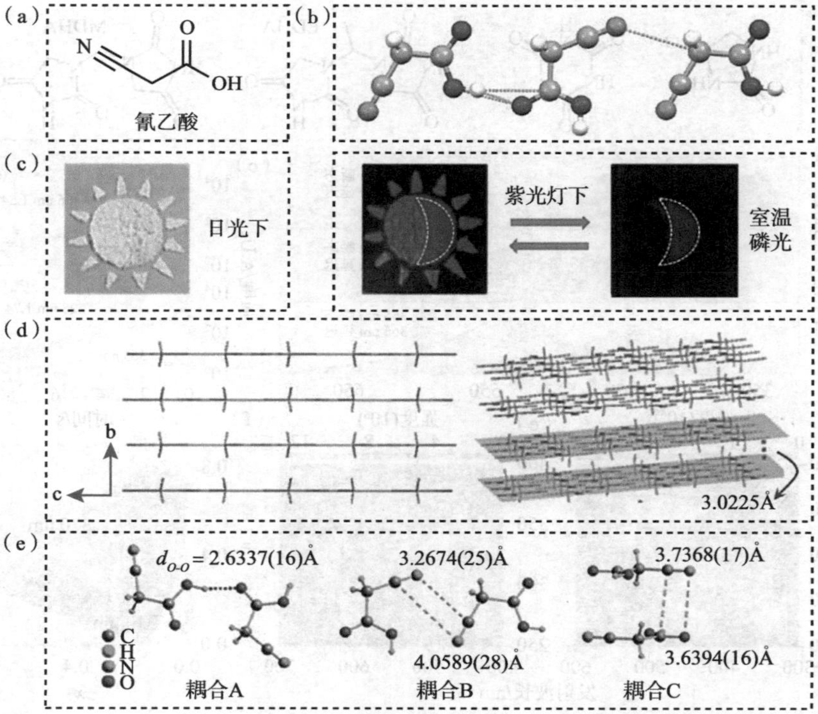

（a）CAA 的化学结构；（b）CAA 晶体的平面分子排列和短接触图；（c）CAA 固体的 PL 照片演示；（d）CAA 晶体的层间分子填充；（e）从 CAA 晶体中得到两分子间的三种分子间偶联态：A（氢键）、B（氰基⋯氰基相互作用）和 C（氰基⋯羰基相互作用）

图 6-5　CAA 的化学结构和相互作用特征

孤立双键之间的非共价相互作用可以产生足够的 TSC，并充分降低激发态能级。

受 DNA 中高度稳定的双螺旋结构和多个氢键的启发，王（Wang）等人报道了一系列基于氢托因（HA）的非传统发光团，其 PL 和 p–RTP 效率分别高达 87.5% 和 21.8% [图 6–6（a）]。同时，p–RTP 发射能抵抗剧烈的机械磨削，在 365 nm 紫外光照射下 τ_p 值高达 1.74 s [图 6–6（c）]。其二聚体衍生物也表现出显著的 p–RTP，尽管其结构扭曲。HA 晶体表现出激发依赖的 PL 和从天蓝到黄绿色的颜色可调 p–RTP，这一观察结果与相应的发射光谱相一致，随着激发波长（λ_{ex}）的增加，p–RTP 呈现出深色偏移 [图 6–6（b）、（d）、（e）]。对于 p–RTP 发射，当 λ_{ex} 从 250 nm 变化到 390 nm 时，蓝色和绿色区域出现了变化

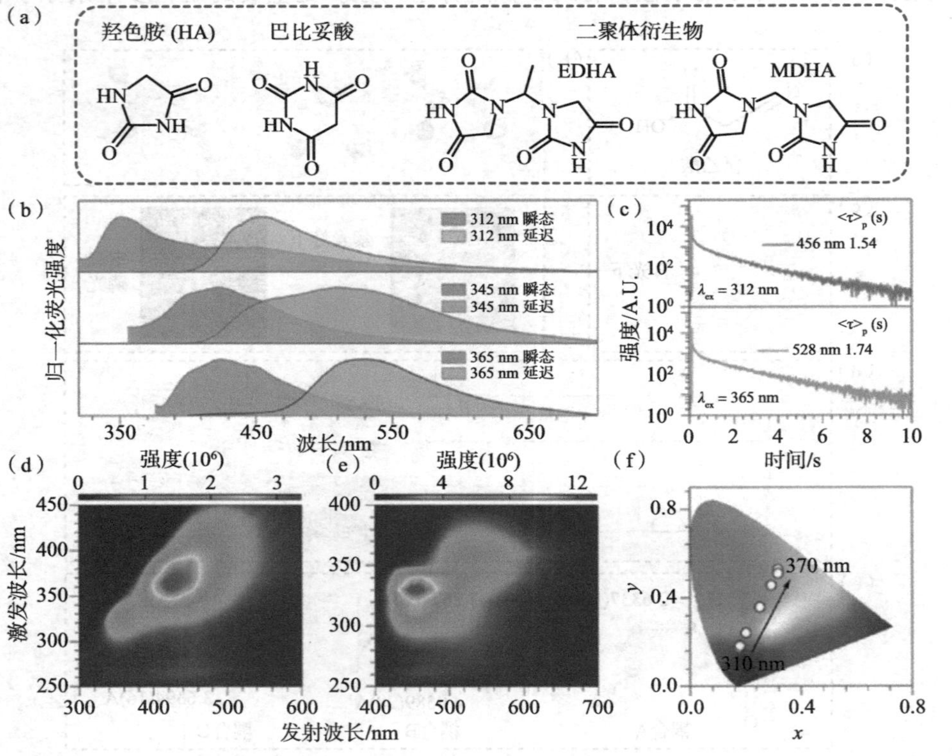

（a）透明质酸、巴比妥酸及其二聚体衍生物的化学式；（b）不同 λ_{ex} 下 HA 晶体的提示发射和延迟发射光谱；（c）312 nm 和 365 nm 激发下 HA 晶体的 p–RTP 寿命谱；（d）室温下 HA 晶体的激发 –PL；（e）激发 –p–RTP 映射；（f）λ_{ex} 变化的 HA 晶体 p–RTP 的 CIE 坐标图

图 6–6　透明质酸、巴比妥酸及其二聚体衍生物的化学式、光谱和 CIE 坐标图

的峰 / 肩。这种可调的多色 p-RTP 被国际照明委员会（CIE）坐标所证实，随着 λ_{ex} 的增加，其从蓝色（0.18，0.18）到黄绿色（0.32，0.51）几乎呈线性变化[图 6-6（f）]。由于透明质酸分子之间的平面构象和丰富的氢键，使得分子排列高度紧密。因此，在产生足够的 TSC 的同时，分子运动明显受到抑制，从而促进了辐射跃迁。孤对电子和羰基的出现促进了有机碳和随后的系间跨越（ISC）过程。可以理解，多色发射是由于团簇的多样性和多个发射中心的存在，这符合 CTE 机制。2022 年，黄（Huang）等人也证实了这一发现。此外，研究人员还研究了具有较大分子偶联性的结构类似物，即巴比妥酸和胞嘧啶。从这些体系中观察到类似于激发依赖的颜色可调性，并且在相应的单晶结构中检测到多个非共价相互作用，表明形成了不同的发射团簇。作者将这些晶体的 p-RTP 归因于良好的平面分子堆积和随之而来的 H 聚集，这导致了 HA 的单体（458 nm）和二聚体（508 nm）的 p-RTP。

更有趣的是，袁（Yuan）等人报道了他们从溴化铵（AB）和脂肪族季铵盐（QASs）中发现的意想不到但广泛存在的内在 PL，包括十六烷基三甲基溴化铵（CTAB）、四甲基溴化铵（TMAB）、十六烷基三甲基氯化铵（CTAC）和十六烷基三甲基碘化铵（CTAI）。通常，通过改变激发波长、机械研磨和调节烷基链长、反离子和温度，可以很容易地获得可调的 PL 和 p-RTP。单晶结构分析和理论结果共同表明，这种独特的发射与具有不同 TSC 和电荷转移特征的 QASs 的离子对聚集高度相关（图 6-7）。

硫原子是一种具有孤对电子和弱电负性的良好给电子体，因此对含硫非芳香族发光体的光致发光特性的研究备受关注。袁（Yuan）等人设计合成了一系列具有荧光和磷光发射的非芳香族含硫聚合物。CTE 机制可以很好地说明这些系统的发射。最近，王（Wang）等人以块状硫和硫化钠为原料，采用两步氧化法合成了红色发射硫化物。有趣的是，所得材料粉末态的发射位于红色区域（约 650 nm），寿命为 113 μs，从而表明其磷光性质。样品的光致发光量子产率（PLQY）随加热时间和激发波长的变化而变化，在 320 ~ 330 nm 激发范围内加热 10 h 合成的红发射硫的 PLQY 最高，为 7.2%。作者推测，氧空位的存在可以促进辐射松弛，并通过在红色光谱区域提供额外的能量状态来影响硫的发射动

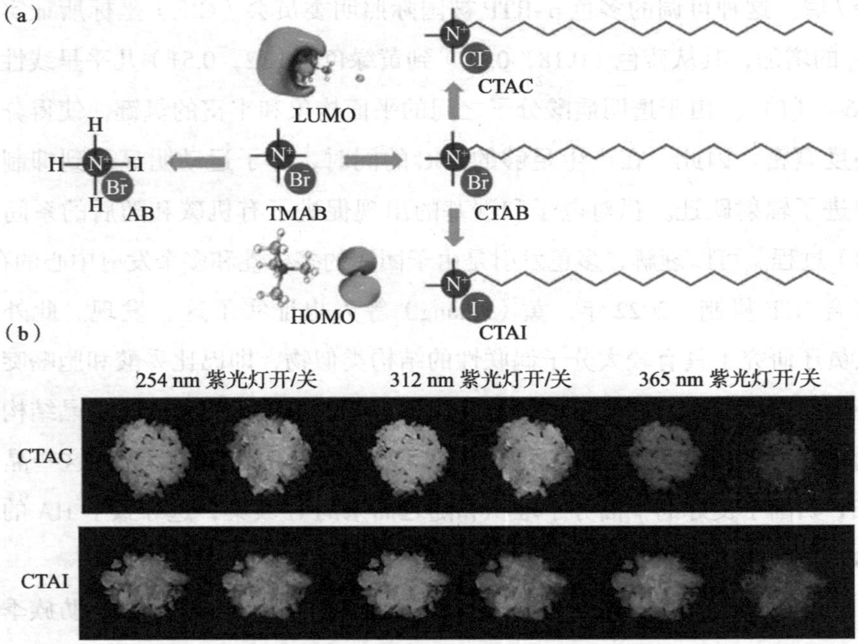

（a）所研究的 QAS 的化学结构和单个 TMAB 分子的最高占据分子轨道（HOMO）/ 最低未占据分子轨道（LUMO）电子密度；（b）CTAC 和 CTAI 晶体在 254 nm、312 nm 和 365 nm 紫外光下或停止紫外线照射后的照片

图 6-7　QAS 的化学结构和磷光特性

力学（图 6-8）。虽然这项工作是在无机化合物上进行的，但硫的氧化可能会增强磷光，这对于发展有机发射体也是具有启发性的。

除了结构明确的有机物，具有 RTP 性质的非芳香碳点（CD）也逐渐被研究。杨（Yang）等合成了一系列 τ_p 高达 658.1 ms 的非芳香族聚合物碳点（PCD）。以 PAA 和乙二胺（EDA）为原料制备 PCD Ⅰ-1。具体而言，PCD Ⅰ-1 在紫外光下观察到蓝色荧光，并且在发射光谱中记录到红移的发射峰，显示出明显的激发依赖性发射。他们提出了一种交联增强 RTP 机制来解释这种 p-RTP，并继承了他们之前对 PCD 发光现象的理解。然而，由于单一组分具有不同的激发波长依赖性发射以及交联反应的多样性和不完全性，该体系中也可能存在多样化的发射中心，未交联亚基的聚类也可能起到发射中心的作用。后

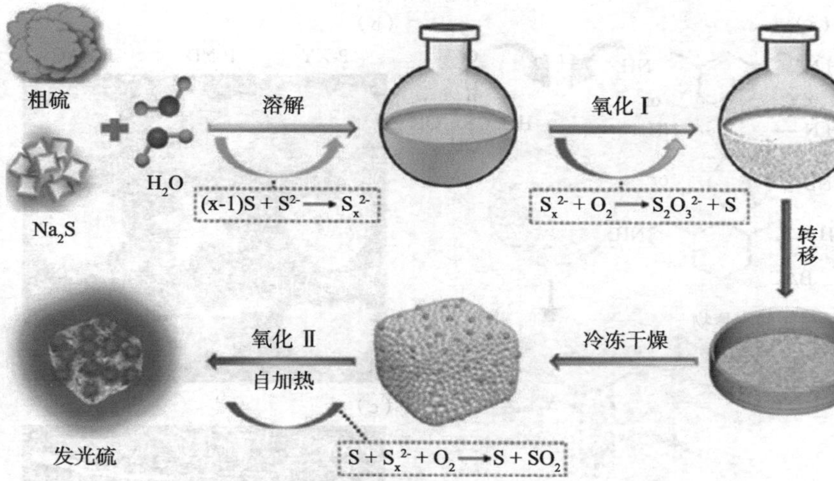

图 6-8　两步氧化法合成红色发射的硫化物的工艺路线

来，张（Zhang）和杨（Yang）等人在水热条件下，通过 EDA 和正硅酸四乙酯（TEOS）的交联和碳化，一步制备了具有超稳定 p-RTP 发射的非芳香族二氧化硅微球。他们强调 Si-O 网络可以稳定三重态以产生持久稳定的 p-RTP 发射，并且发光起源归因于 C=O、C-N 等的非传统发色团。

除了含有 O/N 的亚基被广泛用于构建非传统体系外，类似的富电子磷原子在非传统体系中的应用相对较少。最近，金（Jin）等人将磷酸引入到低聚物基质中，构建了一个 τ_p 高达 776.9 ms 的非共轭 p-RTP 体系［图 6-9（a）］，Φ_p 高达 10.5%。同时，所得的低聚物还表现出良好的热处理性能和光波导行为［图 6-9（b）、（c）］。与羰基相比，磷基多拥有一个共价键，可用于调节发光系统的电子性质或改变固体中磷基与基体之间的分子相互作用。虽然作者简单地将产生的低聚物的多重发射归因于磷二胺和磷三胺酸之间的电荷转移，但他们认为，由有效的分子内和分子间相互作用诱导的磷酰基聚类和高度刚性的构象应该是低聚物明亮的 PL 和 p-RTP 的原因。除了纯有机化合物，配位聚合物的 RTP 也因其在各个领域的广泛应用而备受关注。然而，大多数报道的化合物都是基于芳香族配体，其 RTP 发射通常来源于配体中心电荷转移或金属离子的重原子效应。段（Duan）等人报道了一种基于非芳香羧基配体的二维 RTP 配位

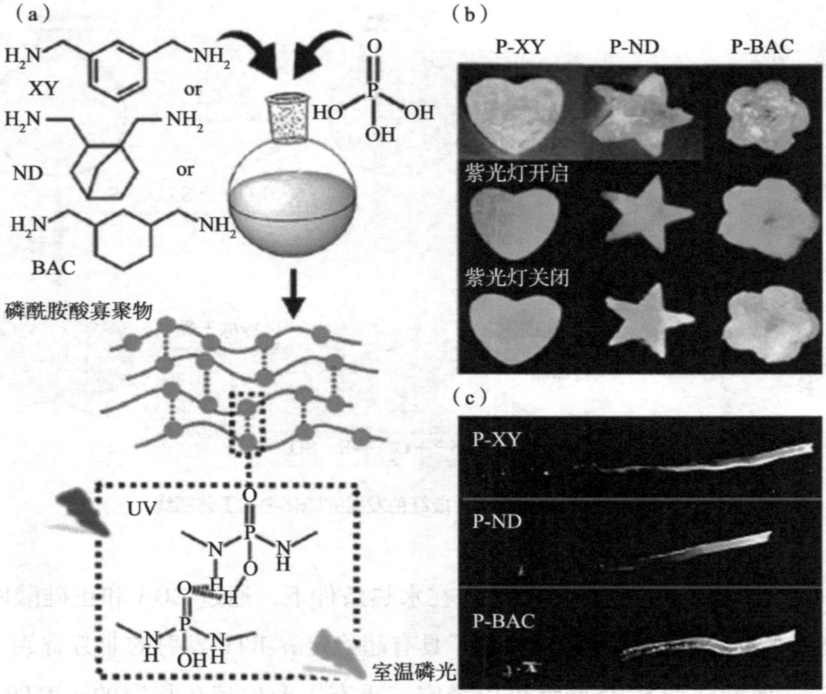

(a)缩聚反应示意图;(b)低聚物在日光下、365 nm 紫外光下和停止紫外光照射后的照片;(c)三种低聚物的自发光波导

图 6-9 低聚物的制备和自发光波导

聚合物(图 6-10)。其 p-RTP 呈绿色,τ_p 为 534.64 ms。羧基的堆积密度被认为是一个影响此类配位聚合物 p-RTP 性能的重要因素。此外,这种材料的 RTP 发射可以通过微量掺杂有机荧光粉来调节。这项工作不仅扩大了可用于构建 RTP 配位聚合物的配体范围,而且实现了对非传统发光团 RTP 颜色的大范围调整。

大多数报道的非传统发光团是由富电子原子组成的,而很少有报道考虑将缺电子原子引入非传统发光团。事实上,硼酸盐材料在过去的几十年里受到了广泛的关注,这不仅是因为它们具有各种有趣的结构,还因为它们在传统非线性光学中的大量应用。目前广泛使用的传统硼酸盐荧光粉,大多采用稀土离子掺杂作为发光中心。然而,林(Lin)等人合成了一种新型杂化硼酸盐 [$C_6H_{16}N$] [$B_5O_6(OH)_4$],并发现了温度、激发光和溶剂可调节的 PL 性质。后

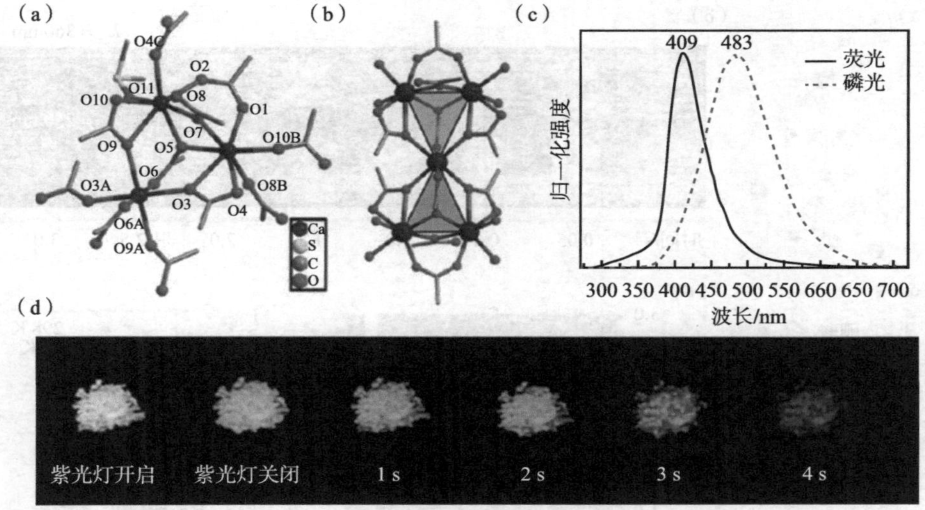

（a）聚合物中金属离子的配位环境；（b）建筑单元的结构；（c）聚合物的瞬态和延迟发射光谱；（d）配位聚合物在 254 nm 紫外灯照射下和去除后的照片

图 6-10　聚合物中金属离子的配位环境、光谱和照片

来，杨（Yang）等人发现，五硼酸铵（AP）晶体可以发射波长依赖和时间依赖的可调颜色 p-RTP，并且具有有趣的长寿命［图 6-11（a）］。AP 晶体的两个六元环相互垂直，形成扭曲的分子排列［图 6-11（b）］。作者将这种发光归因于氧和硼原子之间的离域 *n* 电子的形成，以及不同分子之间的 H 聚集。此外，丰富的氧原子和硼原子也可能形成多样化的团簇，这可能解释了颜色可调的 RTP。

最近，吴（Wu）等人发现硼酸（BA）的超长 RTP 可达 0.3 s［图 6-11（c）~图 6-11（e）］。详细的研究表明，在硼键约束空间中，O 原子的 *n* 电子（B–O，$n\rightarrow\sigma^*$）之间的弱共轭作用通过分子间和分子内相互作用被确定为 RTP 的起源。硼的空 p_z 轨道被认为有助于激发相关的未占据分子轨道，从而证实了硼作为电子受体构建 RTP 材料的通用结构基序的独特作用。而在 2022 年年初，马德（Marder）等人通过对实验室制样的研究，怀疑商用 BA 样品（纯度为 99.999%）中的 RTP 是由不明杂质诱导的。然而，他们使用甲醇培养 BA 单晶，其纯度通过 ^{11}B 核磁共振（^{11}B NMR）鉴定。考虑到甲醇与 BA 之间的动态共价键再加上

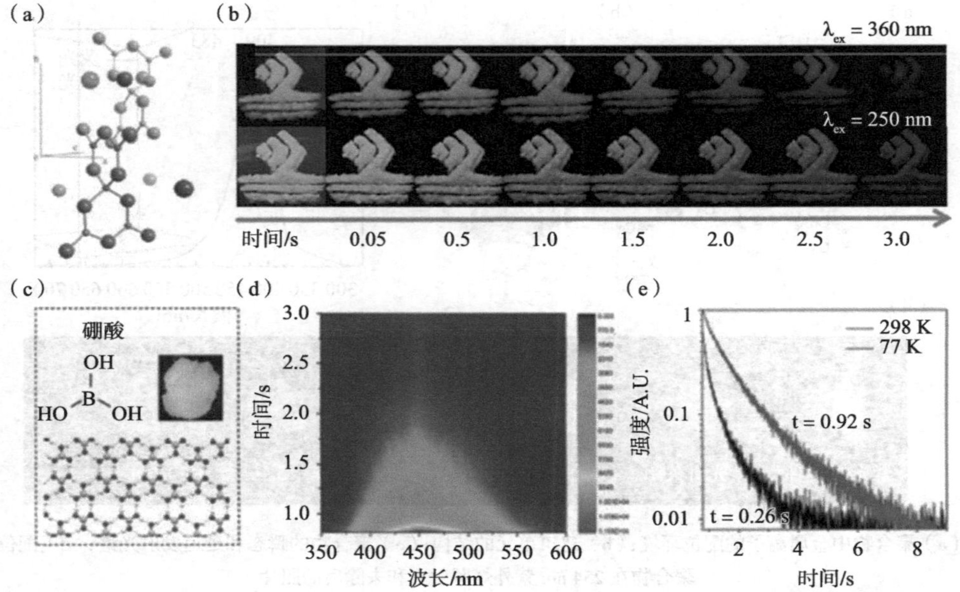

(a)合成的五硼酸铵的晶体结构;(b)五硼酸铵的颜色可调余辉;(c)硼酸(粉末)的化学结构和照片;(d)硼酸(λ_{ex} = 280 nm)的时间分辨发射光谱(TRES);(e)BA 固体的发光寿命(λ_{ex} = 280 nm)

图 6-11 五硼酸铵的晶体结构和光谱

核磁共振技术对杂质的检测极限有限,BA 能否具有磷光发射值得进一步澄清。

传统上对重原子效应对有机 RTP 的理解是促进 SOC,从而增强磷光发射(通常为 τ_p 和 / 或 Φ_p)。据我们所知,很少有报道表明引入重原子会引起发射波长的显著红移。最近,袁(Yuan)等人报道了基于琥珀酰亚胺的具有红色和 / 或近红外 RTP 的非传统发光团,其中在引入 Br 或 I 原子后,荧光和 RTP 的红移均超过 200 nm(图 6-12)。相应的紫外 - 可见(UV-Vis)吸收也因引入重原子而显著扩大。这项工作表明,对于非传统的发光团,引入重原子可能会导致发射中的显著红移。重原子的电子离域能力对红移 RTP 非常重要。同时,平面结构促进了 π-π 堆积,进一步强化了深色效应。这项工作可能通过平面结构、重原子效应、分子聚类和 π-π 堆叠的协同效应,为红光和近红外非传统荧光粉的发展描绘一条合理的道路,并可能鼓励未来对红光和近红外可调发光的非传统荧光粉的研究,以实现新兴的先进应用。

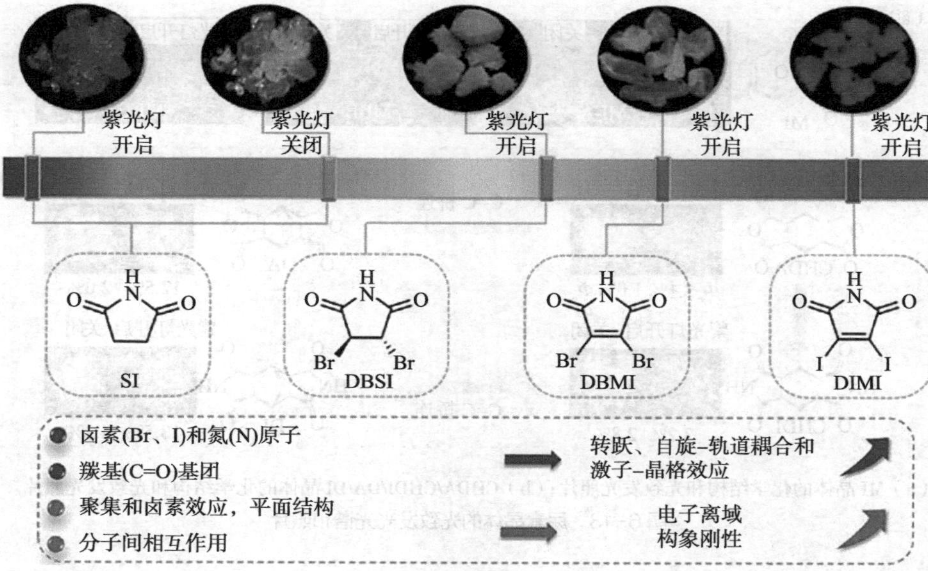

图 6-12　SI、DBSI、DBMI 和 DIMI 的结构、晶体的发光照片和机制解析

此外，莱（Lai）等人证实了非传统发光团的晶体状态将显著影响 PL 特性。他们合成了一种酸酐，即 MI，其单晶由乙酸乙酯（EA）培养为 MI-A，氨（$NH_3 \cdot H_2O$）培养为 MI-B，二氯甲烷（DCM）培养为 MI-C，在 312 nm 紫外光激发下显示出不同的发射颜色，尽管它们的构象和分子排列略有不同［图 6-13（a）］。同时，这三种多晶态的晶体效率（Φ_c）分别为 17.0%、16.2% 和 6.8%，τ_p 分别为 63.2 ms、61.6 ms 和 58.0 ms。这些依赖多态性的 PL 和 p-RTP 应该归因于晶体中的残留溶剂，由于它们对微环境的敏感性，这些溶剂显著影响晶体的三重态激子。同时，赖（Lai）等人提出了一种跨空间桥接、引入氢键和杂原子调制的非传统发光团内部调制方法，并成功获得了一系列具有压力的非传统发光团依赖 PL 属性和 p-RTP［图 6-13（b）］。由于电子离域的增加和分子运动的抑制，上述相互作用的引入提高了发光团的 Φ_c 和 Φ_p。这些结果充分证明了可调非传统发光团的巨大潜力。

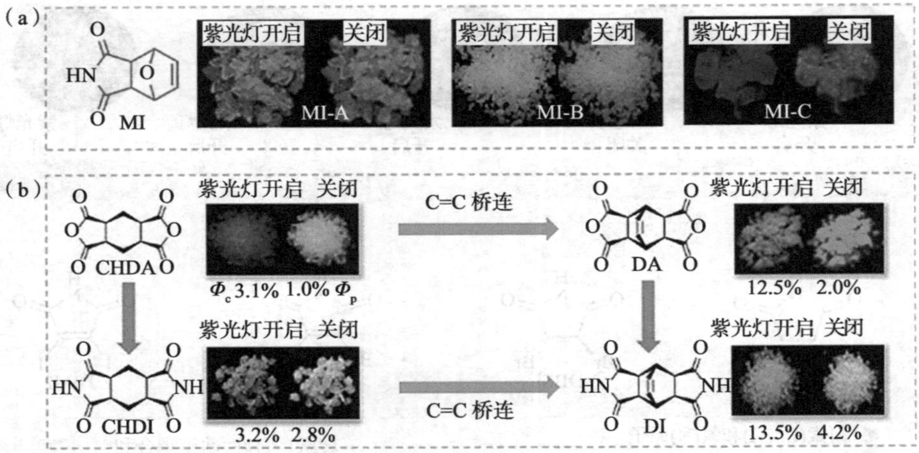

（a）MI 晶体的化学结构和光致发光照片；（b）CHDA/CHDI/DA/DI 晶体的化学结构和光致发光照片。

图 6–13　尿素晶体的光致发光光谱和照片

6.3　圆偏振发光小分子

具有 RTP 和 CPL 的圆偏振有机发光引起了人们的极大兴趣，但在单组分材料中开发可调谐圆偏振磷光仍然具有挑战性。最近，陈（Chen）等人报道了一种通过将手性中心引入非传统发光团，通过手性聚类实现多色圆极化 RTP 分子的有效策略，如图 6–14 所示。由于发射团簇独特的激发依赖发射特性，在不同的 λ_{ex} 下观测到从蓝色到黄绿色的高效且显著调谐的 RTP，其不对称因子大于 2.3×10^{-3}，τ_p 高达 587 ms。进一步的单晶 X 射线衍射（XRD）发现（R，R）–DAACH 在晶体中呈发夹状构象，表现出多种有效的分子内 / 分子间相互作用。这不仅可以促进刚性分子构型的形成以抑制非辐射跃迁，而且可以促进不同分子之间的 TSC。通过“一石二鸟”的方法从单组分手性非传统发光团实现 CPL，为探索基于 CTE 机制的智能多色 CPL 和 RTP 功能材料提供了基础和重要的设计线索。

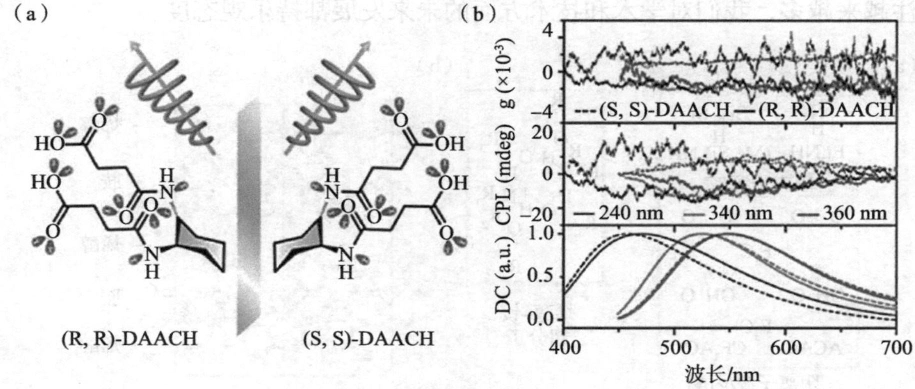

（a）两种单组分手性晶体的分子结构；（b）（R,R）-DAACH 和（S,S）-DAACH 粉末分别在 240 nm、340 nm 和 360 nm 激发下的 CPL 性能

图 6-14　两种单组分手性晶体的分子结构和不同激发下的 CPL 性能

6.4　超分子结构

除了上述分子 PL 可调谐的非传统发光团，具有独特光物理性质的超分子材料也引起了人们的广泛关注。基于具有离子和氢键的独特二维超分子结构，有很好的机会获得超分子起源发射，甚至 RTP，而不需要任何单独的发射单元。如图 6-15 所示，程（Cheng）等人设计了一个由非芳香族自组装单元组成的含有二维超分子网络的正阴离子夹层结构。脂肪族胺作为阳离子源，脂肪族酮 - 烯醇异构结构作为阴离子源，形成烯醇 - 氨层状超分子体系。通过对阴离子或阳离子部分的取代基调控，可以调节发射性质。在环境条件下，最大发射效率可达 26%，τ_p 和 Φ_p 值也可分别达到 0.41 s 和 8%。

具体来说，CTE 机制，更详细地说，簇态磷光（CTP）机制被研究者们反复强调，因为它可以很好地解释磷光发射，并指导新的非传统磷光发光团的发现和设计。本章总结了几种可靠调控非传统发光团磷光的方法，可以更好地指导设计和深入了解发光机理。这些令人兴奋的发现将为新型荧光粉的构建和新兴应用的探索提供启发。我们期待来自多学科领域的科学家们越来越多的关注，他们的投入将进一步促进非传统磷光材料的快速发展。随着人们对这一领域的关注越来越多，我们对学术和技术方面的未来发展都持乐观态度。

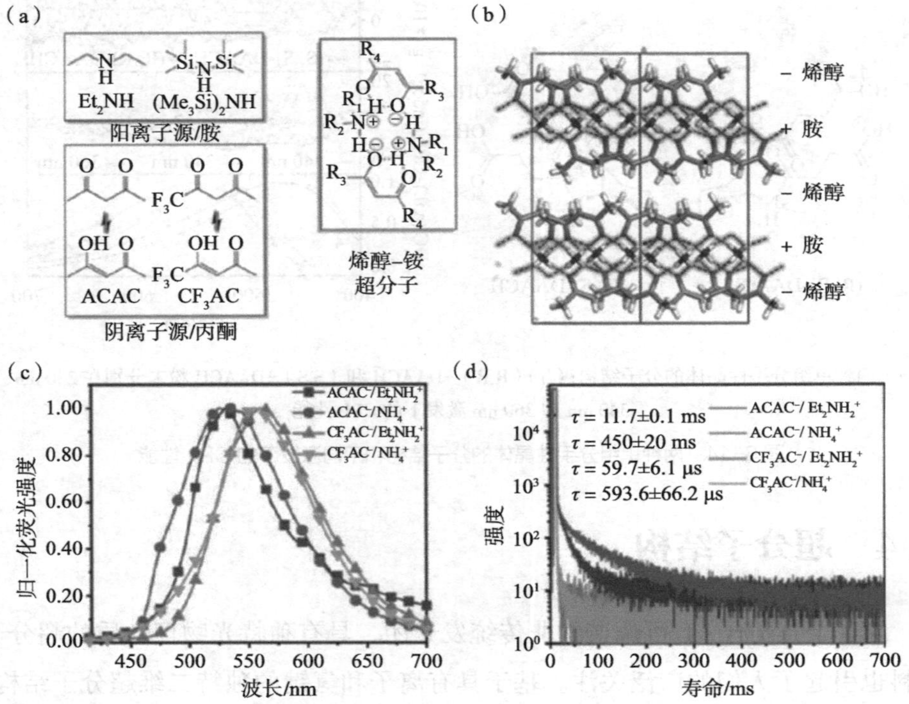

(a) 非芳香族离子 RTP 超分子体系的自组装单元结构；(b) 空间结构图解；(c) 340 nm 激发下归一化磷光发射光谱；(d) RTP 离子晶体的磷光寿命曲线

图 6-15 非芳香族离子 RTP 超分子体系的自组装单元结构和光谱

参考文献

[1] DOU X, ZHOU Q, CHEN X, et al. Clustering-triggered emission and persistent room temperature phosphorescence of sodium alginate [J]. Biomacromolecules, 2018, 19 (6): 2014-2022.

[2] XU L, CAO J, ZHONG S, et al. Photoluminescence of tilapia skin collagen: aggregation-induced emission with clustering triggered emission mechanism and its multiple applications [J]. International Journal of Biological Macromolecules, 2021, 182: 1437-1444.

[3] XU L, LIANG X, ZHONG S, et al. Clustering-triggered emission from natural products: gelatin and its multifunctional applications [J]. ACS Sustainable Chemistry & Engineering,

2020，8（51）：18816–18823.

[4] ZHANG Y，WANG Q，ZHAO Z，et al. Photoluminescence and luminescent mechanism of dextran［J］. Acta Polymerica Sinica，2022，53（7）：906–912.

[5] YUAN J W，ZHAI Y X，WAN K L，et al. Sustainable afterglow materials from lignin inspired by wood phosphorescence［J］. Cell Reports Physical Science，2021，2（8）：100542.

[6] FANG M，YANG J，XIANG X，et al. Unexpected room-temperature phosphorescence from a non-aromatic, low molecular weight, pure organic molecule through intermolecular hydrogen bonds［J］. Materials Chemistry Frontiers，2018，2（11）：2124–2129.

[7] WANG Y A，TANG S X，WEN Y T，et al. Nonconventional luminophores with unprecedented efficiencies and color-tunable afterglows［J］. Materials Horizons，2020，7（8）：2105–2112.

[8] BIAN L F，MA H L，YE W P，et al. Color-tunable ultralong organic phosphorescence materials for visual UV-light detection［J］. Science China Chemistry，2020，63（10）：1443–1448.

[9] TANG S X，ZHAO Z H，CHEN J Q，et al. Unprecedented and readily tunable photoluminescence from aliphatic quaternary ammonium salts［J］. Angewandte Chemie International Edition，2022，61（12）：e202117368.

[10] KAUSAR F，YANG T J，ZHAO Z H，et al. Clustering-triggered emission of nonaromatic polymers with multitype heteroatoms and effective hydrogen bonding［J］. Chemical Research in Chinese Universities，2021，37（1）：177–182.

[11] KAUSAR F，ZHAO Z H，YANG T J，et al. Michael polyaddition approach towards sulfur-enriched nonaromatic polymers with fluorescence-phosphorescence dual emission［J］. Macromolecular Rapid Communications，2021，42（10）：2100036.

[12] WANG Z G，ZHANG C C，WANG H G，et al. Two-step oxidation synthesis of sulfur with red aggregation-induced emission［J］. Angewandte Chemie International Edition，2020，59（25）：9997–10002.

[13] TAO S Y，LU S Y，GENG Y J，et al. Design of metal-free polymer carbon dots：a new class of room-temperature phosphorescent materials［J］. Angewandte Chemie International Edition，2018，57（9）：2393–2398.

[14] WANG B Y，SUN Z，YU J K，et al. Cross-linking enhanced room-temperature phosphorescence of carbon dots［J］. SmartMat，2022，3（2）：337–348.

[15] TANG G Q，ZHANG K，FENG T L，et al. One-step preparation of silica microspheres with super-stable ultralong room-temperature phosphorescence［J］. Journal of Materials Chemistry C，2019，7（29）：8680–8687.

[16] LIU Z F, CHEN X, JIN W J. Ultralong lifetime room-temperature phosphorescence and dual-band waveguide behavior of phosphoramidic acid oligomers [J]. Journal of Materials Chemistry C, 2020, 8 (21): 7330-7335.

[17] YIN Y J, ZHAO H, ZHANG L W, et al. Color-tunable long-lived room-temperature phosphorescence in a coordination polymer based on a nonaromatic ligand and its phosphor/coordination polymer-doped systems [J]. Chemistry of Materials, 2021, 33 (18): 7272-7282.

[18] LIU M, ZHOU P, YAO H, et al. A novel boron oxide organic open-framework compound: B_6O_9 (en)$_2$@ (H_2en) Cl_2 [J]. European Journal of Inorganic Chemistry, 2009, 2009 (31): 4622-4624.

[19] ANISHIA S R, JOSE M T, ANNALAKSHMI O, et al. Thermoluminescence properties of rare earth doped lithium magnesium borate phosphors [J]. Journal of Luminescence, 2011, 131 (11): 2492-2498.

[20] LIANG J, WANG Y G, WANG Y X, et al. Supramolecular assembly of borate with quaternary ammonium: crystal structure and tunable luminescent properties [J]. Journal of Solid State Chemistry, 2013, 200: 99-104.

[21] SONG Y X, WANG J P, CHEN L, et al. Ammonium pentaborate crystals with adjustable and bright phosphorescence and long lifetime [J]. Journal of Luminescence, 2020, 225: 117325.

[22] ZHENG H Y, CAO P S, WANG Y Y, et al. Ultralong room-temperature phosphorescence from boric acid [J]. Angewandte Chemie International Edition, 2021, 60 (17): 9500-9506.

[23] WU Z, ROLDAO J C, RAUCH F, et al. Pure boric acid does not show room-temperature phosphorescence (RTP) [J]. Angewandte Chemie International Edition, 2022, 61 (18): e202200599.

[24] ZHU T Y, YANG T J, ZHANG Q, et al. Clustering and halogen effects enabled red/near-infrared room temperature phosphorescence from aliphatic cyclic imides [J]. Nature Communications, 2022, 13: 2658.

[25] LAI Y Y, ZHAO Z H, ZHENG S Y, et al. Polymorphism-dependent emission of nonaromatic luminophores [J]. Acta Chimica Sinica, 2021, 79 (1): 93-99.

[26] LAI Y Y, ZHU T Y, GENG T, et al. Effective internal and external modulation of nontraditional intrinsic luminescence [J]. Small, 2020, 16 (38): 2005035.

[27] LI H, GU J, WANG Z J, et al. Single-component color-tunable circularly polarized organic afterglow through chiral clusterization [J]. Nature Communications, 2022, 13: 429.

[28] XU W, LIU H, MEI F, et al. Supramolecule-originated emission: a room-temperature phosphorescence 2D ionic H-bond network from nonemissive aliphatic derivatives [J]. ACS Applied Materials & Interfaces, 2021, 13 (51): 61528-61535.

第 7 章

2020—2024 年间研究进展

7.1 引言

近几年来，非传统发光材料的研究发展迅速。本章介绍了2020年至今该领域的研究进展。在非传统发光材料研究的前半程里（即2020年以前），科学家们的研究重点大多集中在不断合成新的材料体系，并试图理解这种非传统发光现象的来源。2020年以后，科学家们的目标则变得更为具体，例如：如何突破非传统发色团的局限，获得长波长甚至是近红外发射的材料；如何获得寿命更长的室温磷光或长余辉材料；如何兼顾高量子效率和长波长发射；如何更深入地理解非传统发光材料的发射机制；如何更好地发挥非传统发光材料独特的发光性质，将其应用于实际生产和生活需要等。

与传统光致发光材料的基于价键共轭（through-bond conjugation，TBC）的经典光物理理论不同，非传统发光材料背后的详细发光机制的破译仍然是一个难题，并且阻碍了该类材料的发展。尽管经过了过去20年的紧密探究，但是人们对非传统发光材料的结构－性质关系及其不同寻常的发射机制的理解依然无法达成共识，并且仍在不断修订中。例如，过去普遍认为非传统发光材料具有浓度依赖性发射和激发依赖性发射两大特性，但近年来的研究发现，许多非传统发光体并不具备这些特征。因此，时至今日，该领域仍有许多问题亟待探讨。例如：如何准确确定实际的发射中心？当单个分子聚集时，它们之间的相互作用如何影响非传统发光材料的宏观性质？如何在分子水平上精准调控非传统发光材料的光物理特性？

此外，由于对非传统发光材料的详细发光机制了解有限，在这些体系中实现长波长发射（黄色、红色，乃至近红外），以及克服低光致发光量子产率（PLQY）仍然是很困难的。

迄今为止，对于遵循传统的 TBC 发光机制的有机荧光材料，可以通过增加 π 共轭和引入供体 / 受体（D-A）单元的方式来调节发射波长和效率。但是如何调节非传统发光材料的发光呢？目前的策略主要集中在以下几个方面：①引入不同的杂原子和电子受体 / 供体功能基团，以改变亚基的电子结构，从而促进电荷转移和电子离域；②改变发色团的空间位阻，使聚合物更加刚性，从而限制聚合物链的运动；③增加富电子单元的数量，从而增强分子内部和分子之间的电子通信，进而影响发射波长和效率；④引入更强的分子间相互作用，如配位键、氢键和离子键，这些强的分子间相互作用也会诱导聚集和发光行为；⑤调整外部环境（例如温度、压力、pH 值，在水溶液中加入盐和尿素）以影响构象刚性和电子通信。另外，最近的研究表明，过于灵活或过于刚性的链结构会由于可变的段流动性而使发光团簇变得不稳定，导致不稳定的分子内 / 分子间相互作用和难以控制的聚合物结构，最终导致发光被削弱。然而，适当的刚性链结构可以优化链段运动，这有利于形成更均匀和稳定的团簇，从而提高聚合物链的发光性能。因此，对于非传统发光材料来说，平衡的结构灵活性和刚性也是调控其发射波长和效率等光物理特性的重要参数。

上述策略在控制非传统发光材料的光物理特性方面已取得一定进展，但在分子水平上精确调控这些材料的光物理性质仍面临巨大挑战。为了构建一个更全面的非传统发光光物理理论，深入探索非传统发光材料的结构 – 性能关系，还需要大量的实验和理论研究。这不仅是该领域发展的关键，也是开发相关高级实际应用的先决条件。基于上述背景，本章节着重介绍了 2020 年以来非传统发光材料（仍主要集中在聚合物体系）的设计原理、聚集体发光机理的发展以及相关应用的开发，并讨论了近五年来非传统发光材料的研究重点和发展前景。

7.2　蓝光发射的深入探讨

在 21 世纪初，大多数已知的非传统发光材料都是蓝光发射体。似乎蓝色发射的非传统发光材料已经没有研究的必要了。然而，事实上，蓝光非传统发光材料的持续探索对于寻找真正的发光中心、了解发光机制、开发简单有效的通用合成策略，并预测及调控其光物理性质等都具有重要的意义。因此，蓝光非传统发光材料的进一步探索将有助于更全面地揭示非传统发光材料的发射来源，并且也将用于指导具有优异光物理性能的非传统发光材料的设计，拓宽新材料和应用的视野。

2022 年，唐（Tang）等人合成了 3 种不具有激发依赖性发光特性的非共轭多肽［图 7–1（a）］。研究表明，这种非激发依赖特性荧光的产生是由于其具有明确结构的“发色团”。由于 3 种多肽的侧链取代基不同，推测其真正的发光中心可能来自主链。光物理数据和理论计算表明，这些多肽及其模板小分子的发射都来源于单个酰胺单元的 n–π^* 跃迁，而不是酰胺团簇。此外，作者总结了由 C=O 基团组成的不同类型的非传统发光材料，如聚酮、聚酯和聚酰胺，并发现它们都在 440 nm 左右发射。作者对这些聚合物和对应小分子的分析得出结论，这些发射均来自 n–π^* 跃迁。此外，虽然荧光来源于单个的酰胺，但分子间的相互作用，如氢键和静电相互作用，以及分子内的氢键，也会通过产生的构象变化等影响荧光的效率等性质。

2023 年，一篇关于富氮有机碱与羰基聚合物的络合诱导团簇发光的文章报道［图 7–1（b）］，络合物不仅由于 n–π^* 跃迁增强了羰基的固有 440 nm 发射，而且还诱导了对应络合物产生新的长波长荧光。这项工作证明了络合可以作为一种调控非传统发光材料发光的有效策略。此外，对 6 种具有不同杂原子和空间位阻的非共轭羰基聚合物的研究表明，440 nm 的发射源于羰基的 n–π^* 跃迁，且发射强度受亚基的电子结构和构象柔性的影响。一般来说，聚合物链的高柔性会削弱发光，而相对刚性的聚合物链则有利于强发光［图 7–1（c）］。

2022 年，赵（Zhao）等人将强氢键供体丙烯酸与强氢键受体乙烯基己内酰胺共聚，制备了具有深蓝色团簇发光和高临界溶液温度的刺激响应性热敏聚合

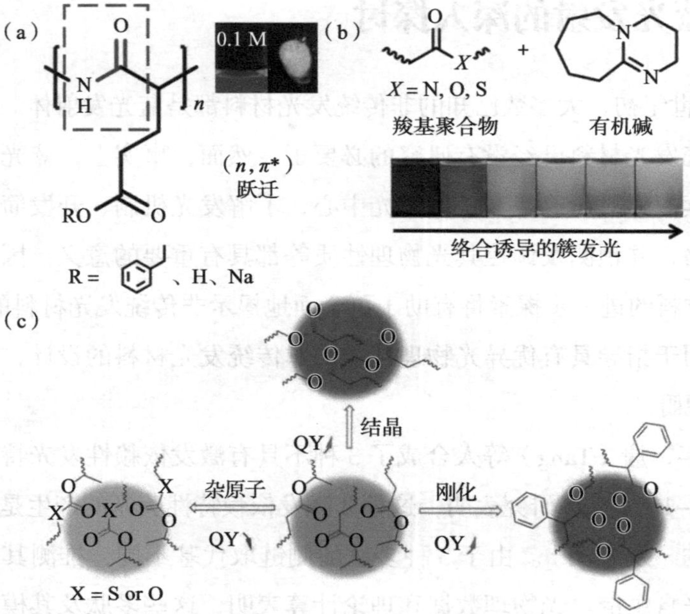

（a）3 种多肽的化学结构，插图为它们在稀溶液和固态下的照片；（b）顶部：羰基聚合物和 DBU 的化学结构，底部：羰基聚合物和 DBU 之间的络合物的照片在 365 nm 紫外灯下随着混合时间增加的发光；（c）结晶、添加杂原子和增加硬度对非传统发光材料发光性能影响的示意图

图 7-1　3 种多肽的化学结构、发光照片和发光性能示意图

物。2023 年，万（Wan）等人在温和条件下通过亲核取代聚合制备了一系列非共轭聚（1,3- 二羰基），产率高达 99% 以上，并在固态样品中观测到深蓝色发光。与传统的缩聚方法相比，这种亲核缩聚的方法具有单体单元的自加速效应和灵活的化学计量学优点，从而扩大了单体库、方法、化学结构和发光特性的多样性。森（Mori）等人使用可逆加成 – 断裂链转移聚合（RAFT）合成了基于非共轭乙烯胺和 N- 丙烯酰基 -L- 苏氨酸的无规共聚物和嵌段共聚物。研究发现，嵌段共聚物的发射强度受到水溶液 pH 值的影响，导致聚乙烯胺（PVAm）片段的不同聚集。相比之下，在无规共聚物中没有检测到明显的 pH 值依赖性。与 PVAm 均聚物的蓝绿色发射相比，嵌段共聚物和无规共聚物的滴铸薄膜和粉末样品显示出蓝色发射。

2023 年，克卢瓦（Cloutet）等人研究了聚（二氢吡喃）的多色光致发光。

该研究再次证明，聚合物的受限构象会引起氧原子聚集，从而有助于发光。韩（Han）等人发现，超支化聚硅氧烷在水溶液中的发射波长与 2 ~ 6 个 CH_2 单元的烷烃链长度密切相关：较短的烷烃链产生相对较长的波长发射和较高的量子产率（16% ~ 18%）。

7.3 长波长发射的调制

由于缺乏大型 π 共轭单元，只有少数非传统发光材料能够实现绿色、黄色或红色的发射。在过去几年中，为了获得更长的发射波长，人们做了许多尝试。

7.3.1 跨空间电荷转移（TSCT）

供体和受体单元被非共轭骨架物理分离后，它们之间会发生跨越空间的电荷转移，而这个过程最终会使分子发光。这种性质现在被当作开发新型非传统发光材料的一个重要策略。通过改变供体和受体单元之间的强度和平面度、相互作用距离和相对方向，并使用多个供体 / 受体结构来调节供体和受体单元之间的空间相互作用，可以调节非传统发光材料的颜色和效率等发光特性。例如，2022 年，张（Zhang）等人发现，聚马来酰亚胺链的连接模式对它们的性质有很大的影响。改变聚合条件（自由基或阴离子）可以调节整个可见区域的发射颜色。内在机制是缺电子的 C–C 骨架不利于电荷转移和分子链的紧密堆积。相反，对于具有 C–N 重复单元的聚合物链，电子云可以交替分布形成连续的 A–D–A–D 序列，而这是有利于分子链之间的紧密排列和聚集的，最终引起聚合物发射红移。2023 年，张（Zhang）等人通过有机胺诱导的共聚合，合成了具有近红外发光的胺封端聚酯。通过高分子链相对于模型小分子混合物的结构效应以及酯和胺之间的 TSCT，实现了高效、可控的蓝色到近红外非传统发光材料的合成。

7.3.2 跨空间相互作用（TSI）

创造强且稳定的链间 / 链内 TSI（可能涉及 TSCT，但也可能包括氢键和配位键）是制备具有强红移发射的非传统发光材料的有效方法。TSI 可以增强分子内和分子间的电子交流，扩展电子离域，从而影响非传统发光材料的波长和效率；此外，它还可以降低单重态与三重态之间的能隙（ΔE_{ST}），从而促进反向 ISC（RISC），带来长寿命的磷光发射。增强 TSI 的常见策略有优化超支化结构、引入多种非传统发色团，引入多种电子供体 / 受体基团，或者引入可以平衡链的刚性和柔性的刚性发色团（例如苯环 / 双键）。基于上述策略，过去几年已经报道了初步成果。

例如在 2020 年，王（Wang）等人通过自由基沉淀共聚合方法合成了具有橙红色发光的衣康酸酐 – 共聚 – 乙烯基己内酰胺（PIVC）和具有明亮白色发光的聚衣康酸酐 – 共聚 – 乙烯基吡咯烷酮（PIVP）[图 7–2（a）]。这项工作证实了增加聚合物链的柔性有利于增强发光强度和实现红移。此外，简单的分子量依赖性荧光模式并不适用于所有不同类型的聚合物。聚合物的光致发光差异很可能取决于它们的化学结构、聚集结构，以及它们的最终构象是否有利于强烈的物理相互作用和 TSI。作者还讨论了均聚物和共聚物的荧光。恰当的分子链构象有利于更强的链内、链间相互作用，以上都是这些非传统发光材料发射的决定性因素。在低浓度下，聚合物链难以密切接触和聚集，因此链间相互作用较弱，所以共聚物的发射仅仅是增强的均聚物的发射。然而，在浓溶液或固态下，这些聚合物链会形成大的聚集体，导致强烈的链间 / 链内相互作用，此时共聚物的发射便不仅仅是均聚物的简单添加。

2022 年，岳（Yue）等人合成了一系列具有不同支化度的脂肪族超支化聚脲（aBPUs）。aBPUs 的光物理性质高度依赖于其分支或内部的结构修饰：随着分支的增加，aBPUs 的荧光增强并观察到红移。最后，作者将 aBPU–PEG 纳米组装体成功应用于 4T1 小鼠癌细胞的体外无标记成像 [图 7–2（b）]。同年，张（Zhang）等人通过环氧丙烷和环酸酐的共聚合获得了具有可变发光颜色和可控效率的非共轭和非芳香聚酯（P1 ~ P4）。采用不同的酸酐控制链段的柔韧性和刚性。其中，固态聚酯 P3 具有最长的发光波长和最高的 QY（37.9%）[图 7–2（c）]。

虽然 TSI 理论在过去的几年里极大地提高了人们对非传统发光的认识，但 TSI 的结构 – 性质关系仍有待进一步探索。张（Zhang）等人发现，与 π 共轭光

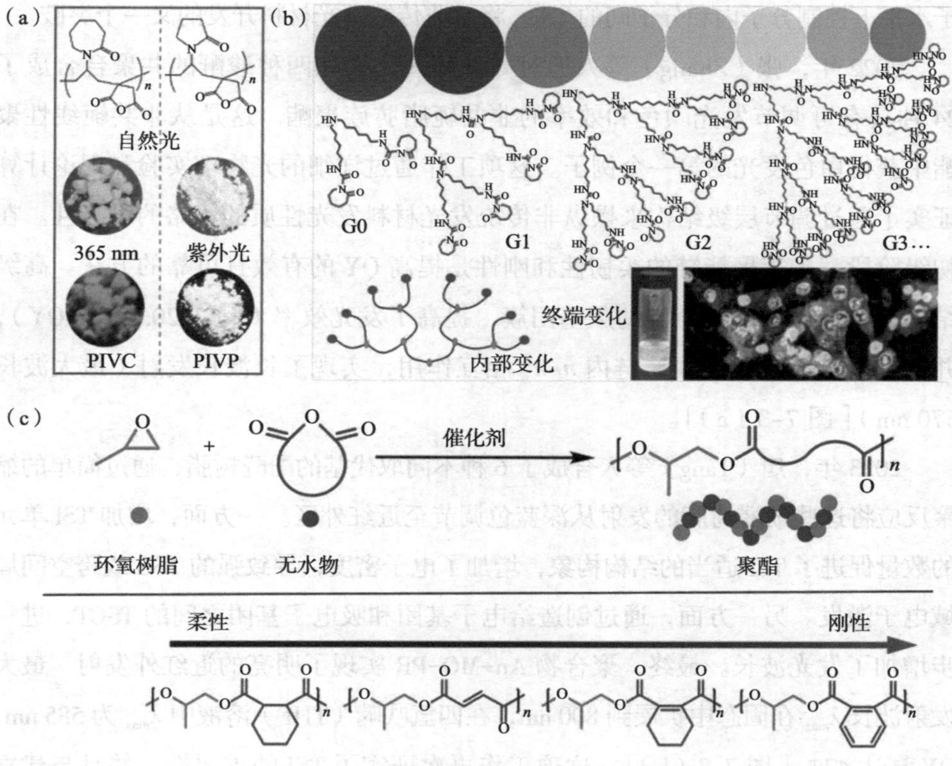

	P1	P2	P3	P4
T_g /℃	21.5	25.5	35.2	51.3
QY/%	2.8	12.7	37.9	0.9
λ_{em} /nm	448	464	504	445

（a）PIVC 和 PIVP 的化学结构，PIVC 和 PIVP 固体粉末在自然光和 365 nm 紫外光下的照片；（b）aBPUs 的化学结构、照片和体外成像；（c）P1、P2、P3、P4 的化学结构，按 T_g 的递增顺序排列，表示了 4 种聚酯从柔性到刚性的迁移率，总结了 4 种聚酯的热力学数据

图 7-2　PIVC 和 PIVP 的化学结构、照片和热力学数据

团中的扩展 TBC 一样，分层 TSI（一级 TSI 为单个非传统发色团间的相互作用，高级 TSI 为多个一级 TSI 单元通过聚集形成的协同电子离域网络）在非传统发色团中起着关键作用，类似于蛋白质的多级结构，即分子内较高水平的 TSI 可能有助于实现更长波长的发射。特别是对于烃类非传统发色团，在没有强供体和受体的情况下，多个一级 TSI 单元的稳定连接可以带来更高级的 TSI。因此，如果可以在分

子水平上控制分子内和分子间的TSI，将是非传统发光材料开发的又一个突破。

2022年，张（Zhang）等人通过6种环氧化物和四种酸酐的共聚合合成了24种具有可调节发光颜色和效率的非共轭脂肪族聚酯。这是从非共轭线性聚酯中获得白色发光的第一个例子。这项工作通过详细的光物理实验和理论计算证实了通过调节层级结构来操纵非传统发光材料发光性质的策略的可行性。在初级阶段，平衡聚酯链的柔韧性和刚性是提高QY的有效且可靠的方法。高级结构的操控产生部分稳定的羰基团簇，提高了发光效率（高达20.3%的QY），并通过强的跨空间链间、链内 n–π^* 相互作用，实现了长波长发射（最大波长570 nm）[图7-3（a）]。

2023年，唐（Tang）等人合成了6种不同取代基的酚醛树脂，通过简单的缩聚反应将这些酚醛树脂的发射从深蓝色调节至近红外区。一方面，增加TSI单元的数量促进了TSI适当的结构构象，增加了电子密度，导致强的TSC或跨空间局域电子激发。另一方面，通过创造给电子基团和吸电子基团之间的TSCT，进一步增加了发光波长。最终，聚合物An-MO-PR实现了明亮的近红外发射，最大发射波长 λ_{max} 在固态中扩展到800 nm，在四氢呋喃（THF）溶液中 λ_{max} 为585 nm，QY高达47%[图7-3（b）]。这项工作再次证实了TSI的重要性，并且与建立供体–受体（D-A）结构相比，在TSC中心增加电子密度应该是一个可以产生长波长和高效发光的更有效的策略。

7.3.3 加热

加热（包括水汽加热和空气加热）作为一种调节非传统发光材料发光的简单方法，一直以来都被低估了。通过改变气体环境、温度和加热时间，可以很容易地调节产物的发射特性，这为制备非传统发光材料提供了一种新思路和通用方法。例如，2022年，王（Wang）等人证明，在空气中热处理后，不含任何发色团的聚烯烃可以转化为荧光聚合物。傅里叶变换红外光谱（FT-IR）和X射线光电子能谱（XPS）数据表明，氧化聚合物中含有–OH，C=O和C–O等基团，这些基团的发光原理符合团簇触发发射（CTE）机制。CTE是杂原子（例如N、O、S或P）或不饱和键（例如C=O、C=C、C≡N）等聚集成发射团簇

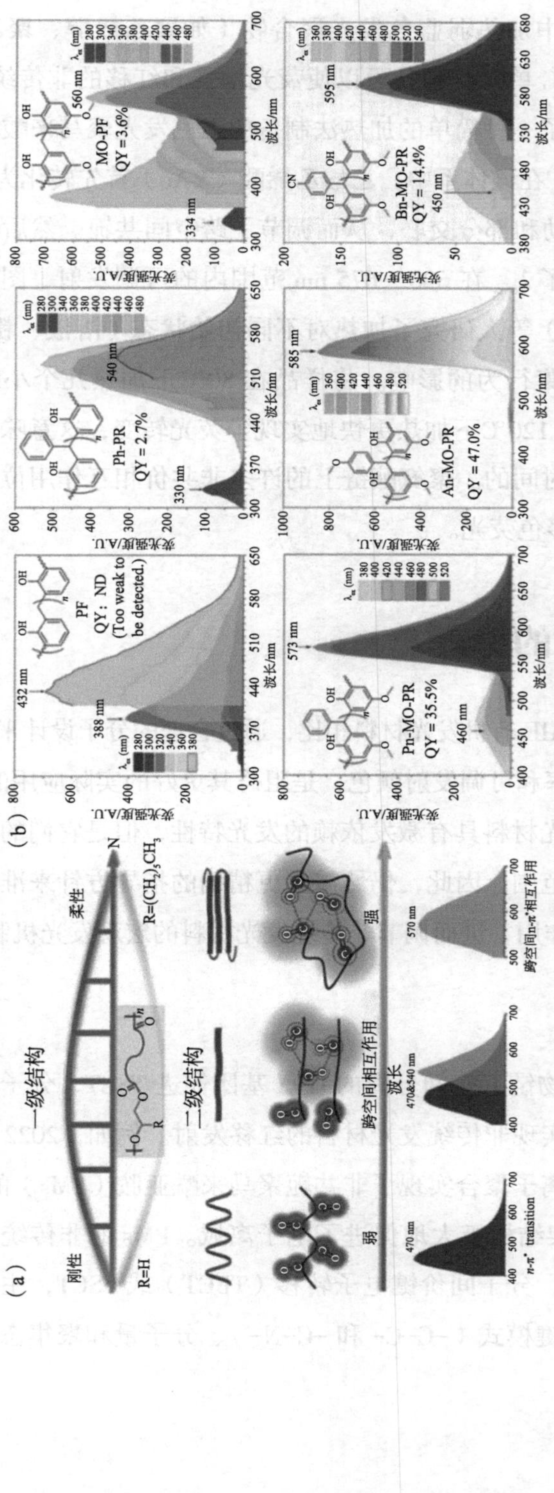

（a）一级和二级结构对脂肪族聚酯光物理性质的影响，红色虚线表示跨空间的相互作用；（b）6 种酚醛树脂在 THF 溶液中的化学结构、QY 和激发依赖性光谱

图 7-3　6 种酚醛树脂的化学结构和光物理性质

时广泛使用的术语。此外，作者还开发了一种“气热法”，通过在不同的气体环境（空气或氮气）中加热弱蓝色发光聚合物（如聚乙烯醇、聚乙二醇和淀粉），引入 C=O 和 C=C 单元，制备可以使荧光增强和红移的非传统发光材料。2023 年，乔等人报道了一种简单的加热法制备的红色发光聚马来酸酐 – 乙酸乙烯酯（PMV）衍生物。在该体系中，乙酸乙烯酯（VAc）首先转化为 C=C 单元，促进了聚合物链的运动和部分交联，从而调节了跨空间共轭。然后通过调节加热温度和时间，获得了 λ_{max} 在 620 ~ 675 nm 范围内的可调发射［图 7–4（a）］。同年，布莱斯（Bryce）等人研究了加热对不同初始状态（溶液、粉末和凝胶）的聚氨酯衍生物的聚集行为的影响。将样品在 80℃下加热几个小时，然后在 120℃下加热，比仅在 120℃下加热更快地实现了荧光转变，这意味着聚集过程的发生是需要一定的时间的。聚氨酯链上的许多非共价相互作用位点有利于聚集诱导的蓝色到红色多色荧光。

7.4 全色发射的探索

与传统的 π 共轭 AIE 有机发光材料相比，通过合理的分子设计来实现非传统发色团的高效发射效率和可调发射颜色，是阻碍其更好的实际应用的主要挑战。虽然大多数非传统发光材料具有激发依赖的发光特性，但是它们的发射大多局限于 400 ~ 500 nm 的范围。因此，仍然需要更精确的指导方针来准确地调控分子内和分子间的相互作用，进而调节非传统发光材料的宏观发光机制和颜色。

7.4.1 聚合模式

通过非共轭聚合物链上空间分离的 D–A 基团促进 TSCT、分子间电荷转移或超分子自组装，可实现非传统发光材料的红移发射。例如，2022 年，张等人通过马来酰亚胺的阴离子聚合实现了非共轭聚马来酰亚胺（PMs）的全色发射。连续的 D–A–D–A 骨架结构极大地促进了电子离域。PMs 的非传统全色发射不同程度地源于分子内、分子间价键电子转移（TBCT）或 TSCT，主要由不同条件下聚合过程中的成键模式（–C–C– 和 –C–N–）、分子量和聚集态所决定［图

7–4（b）］。此外，作者并没有观察到浓度依赖性发射和激发依赖性发射等非共轭聚合物普遍具有的特性。高压实验表明，缩短链间距有利于 TSCT 和分子内电荷转移。当压力从 0.7 GPa 增加到 11.7 GPa 时，聚马来酰亚胺的荧光强度降低，波长最大值发生红移，并且这是一个可逆过程［图 7–4（c）］。基于极性酰亚胺与指纹残基（如蛋白质和氨基酸）之间的相互作用，PM 发光粉末被用于指纹鉴定。2020 年，通过简单地改变引发剂和自由基聚合反应条件，林（Lin）等人制备了具有可调控的 RTP 和最大发射波长（λ_{max}）的聚丙烯酰胺，其最大寿命为 τ_{ph} = 361 ms，波长范围为 470 ~ 550 nm。2023 年，屈（Qu）等人报道了一种低聚肽修饰的 1,2– 二硫戊环小分子，将二硫键介导的动态共价开环聚合和网状氢键交联相结合，形成具有 β– 折叠（β–sheet）构象的氢键超分子网络［图 7–4（d）］。硬化的富电子 β–sheet 构象区域促进了 TSC 的 n–π* 跃迁，并且在 77 K 下，发射波长红移至绿色区（480 nm）甚至磷光区（614 nm；寿命 τ_{ph} = 3.40 ms）。动态聚硫化物和多个氢键的协同作用赋予聚合物网络在温和条件下的迁移性，例如聚合物膜表面划痕的自我修复功能。

7.4.2　微环境的改变

非共价相互作用在非传统发光材料体系中占据核心地位。同时，非共价相互作用是对微环境变化是非常敏感的，可以方便调整。例如 2022 年，张（Zhang）等人利用 pH 控制水解轻松地调节了聚甲基乙烯基醚 – 马来酸酐（PMVEMA）的多色发光。与被广泛接受的团簇触发发射（CTE）机制相反，作者强调了水合氢氧化物（$H_2O \cdot OH^-$）的主要作用。稳态和时间分辨光谱特征确定了“水合配合物的中间态”（$H_2O \cdot OH^-$–PBIS）是由羰基和氢氧化物 O 原子的 p 轨道的空间电子相互作用强烈重叠而产生的。$H_2O \cdot OH^-$–PBIS 的动态特性使其易受微环境，特别是 pH 的影响，因此在水解过程中通过控制碱性，可以很容易地将 PMVEMA 的发射颜色从蓝色调整为红色。唐（Tang）等人受此工作启发，以 1,8– 二氮杂双环［5.4.0］十一烷 –7– 烯（DBU）为聚合引发剂，合成了马来酰亚胺聚合物。通过改变 DBU 的用量，可以控制紫色（最大发射波长 430 nm）和橙红色（最大发射波长 580 nm）的发光比例，并通过合并这两个峰来实现白光发光。

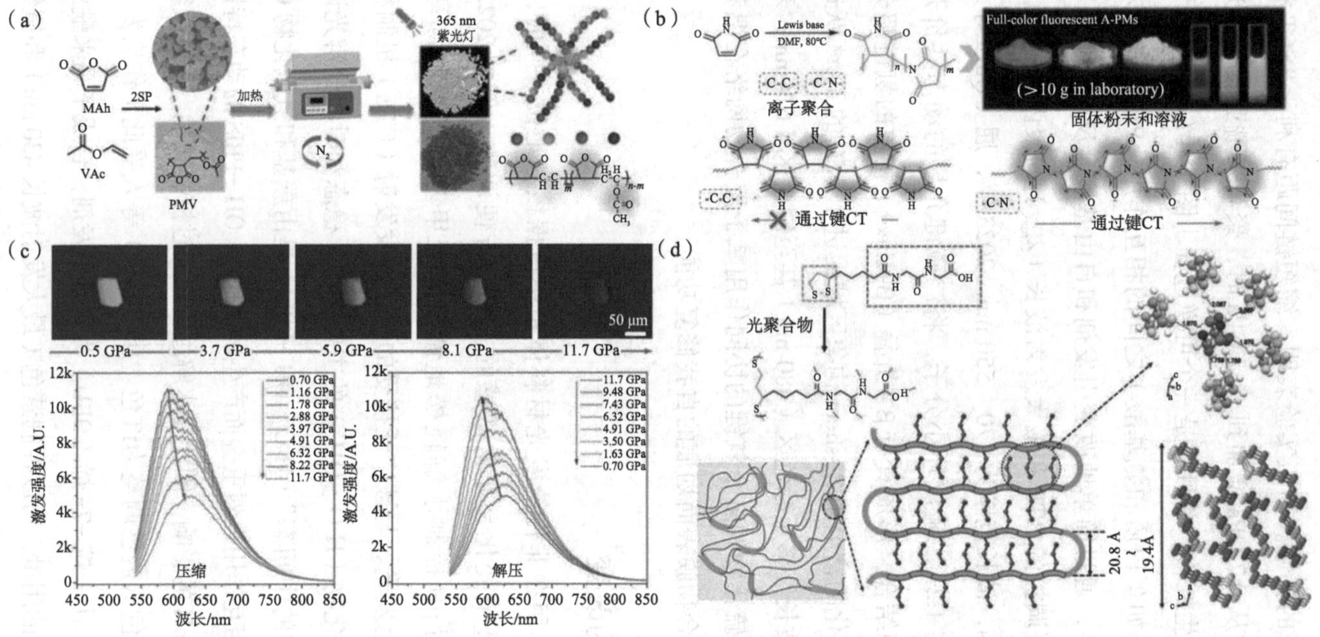

（a）PMV 的加热方案示意图（2SP：自稳定沉淀聚合法）；（b）-C-C 和 -C-N 连接的 PM 的分子结构及其全彩荧光照片；（c）A-PM-TEA 经不同压力压缩后的原位荧光图像；A-PM-TEA 压缩（0.70~11.70 GPa）和解压（11.70~0.70 GPa）时的发射光谱；（d）单体分子结构和自组装聚合物网络的示意图

图 7-4　PMA 和 PM 的制备和光物理性能

7.5　高效率发射

由于缺乏对发光机理的深入了解，并且调节聚集体结构有一定的难度，大多数报道的非传统发光材料的 QY 值都很低（< 20%），这阻碍了它们的实际应用。特别是，如何将长波长发射与高 QY 结合，是一个需要进一步深入研究的课题。这将推进聚合物光物理理论的发展，还将助力开发更有效的非传统发光材料。

需要适当的链结构来优化聚合物的刚性，同时保持足够的构象柔韧性，以确保形成紧密的聚集体。尽管大多数非传统发光材料都含有多个富电子杂原子，但是含有缺电子的硼原子的衍生物也引起了人们的注意。例如 2022 年，严（Yan）等人使用不同碳链长度的硼酸三丁酯和二醇合成了 3 种高 QY 超支化聚硼酸酯［图 7–5（a）］。P2 的绝对荧光量子产率高达 54.1%，这已经可以与一

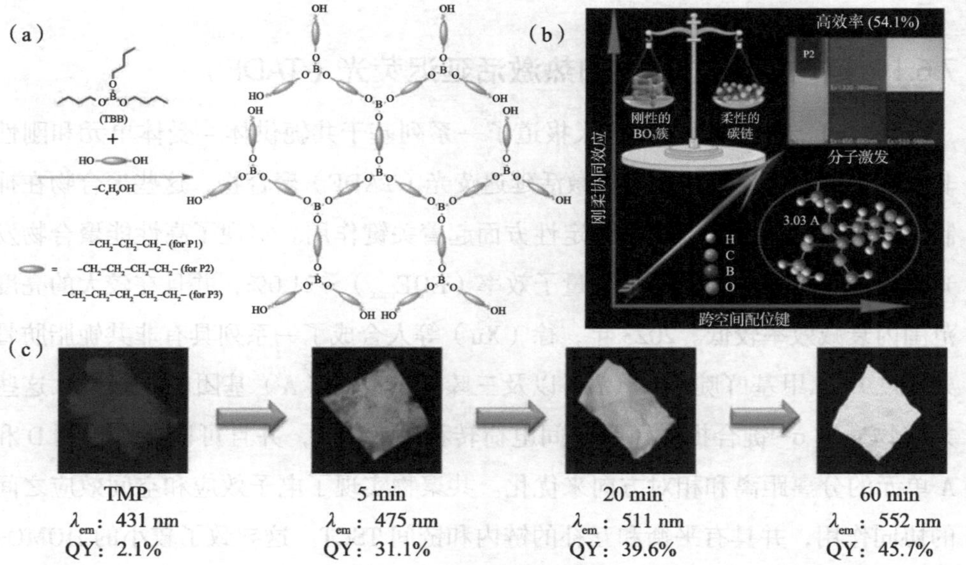

（a）超支化聚硼酸酯的合成路线（P1–P3）；（b）高 QY 超支化聚硼酸酯调节机制的示意图；（c）在紫外光下不同聚合时间的 TMP 和聚合物薄膜的照片

图 7–5　超支化聚硼酸酯的合成路线、调节机制示意图，以及 TMP 和聚合物薄膜的照片

些芳香族聚合物媲美。刚性的 BO_3 平面限制了分子片段的运动，而柔性脂肪链促进了分子间的聚集。作者提出，协同“刚性和软效应”可以有效地减少非辐射跃迁。富含电子的氧原子和空位 p 轨道的硼原子形成了一个“空间配位键”，促进了聚集体内的电荷交换［图 7–5（b）］。2023 年，唐（Tang）等人通过非芳香族末端三（炔 – 酯）单体（TMP）与水的聚合，获得了自支撑的聚合物薄膜。该反应涉及一个有趣的“界面聚合诱导发光增强”现象：随着反应时间的延长，聚合物薄膜的发光发生红移（蓝→绿→黄），发光效率也随之提高。反应一小时后，薄膜发出明亮的黄光，PLQY 高达 45.7%［图 7–5（c）］。

7.6 长寿命的获得

开发具有荧光和长寿命室温磷光特性的非传统发光材料，不仅对揭示非传统发光材料的发射机理具有重要意义，而且对促进新型功能材料的发展也具有重要意义。

7.6.1 延迟荧光（DF）和热激活延迟荧光（TADF）

2021 年，张（Zhang）等人报道了一系列基于共轭供体 – 受体单元和刚性非共轭聚酰亚胺连接单元的热激活延迟荧光（TADF）聚合物，这些聚合物在抑制分子内电荷转移和提高热稳定性方面起着关键作用。实现了高性能聚合物发光二极管（PLED），其最大外量子效率（EQE_{max}）> 21.0%，并且在较大的亮度范围内衰减效率较低。2023 年，徐（Xu）等人合成了一系列具有非共轭脂肪骨架和 9,9- 二甲基吖啶供体（D）以及三嗪膦氧受体（A）基团的共聚物。这些共聚物通过 σ- 键合提供了跨空间电荷转移（TSCT），并且可以通过控制 D 和 A 单元的分离距离和相对方向来优化。共聚物实现了电子效应和空间效应之间的协同作用，并具有平衡和互补的链内和链间 TSCT。这导致了较小的 HOMO-LUMO 重叠和最低能量单重态与三重态之间的小能隙（ΔE_{ST}），而这恰好是有效的反向系间跨越（RISC）过程和 TADF 特性所必需的。该共聚物的光致发光和电致发光量子效率高达 32.4%，具有 TADF 性能。2023 年，严（Yan）等人制备了一系列没有传统共轭或芳香基团的新型超支化聚硼硅氧烷［图 7–6（a）］。通过调节单体二醇的电子密度，实现了非传统发光聚合物从绿色到红色的调谐。受激发的 Si 原子和 B 原子引起的电子离域协同效应，以及跨空间 O⋯O 和 O⋯N 相互作用，使 ΔE_{ST} 降低到 0.08 eV，从而促进了 RISC，并最终产生长寿命延迟荧光（DF）红色发射（寿命为 9.73 s）。作者指出，“P4 的长寿命荧光类似于在多环芳烃中观察到的 DF”。然而，目前还没有确定这种 DF 是否被热激活。该聚合物在不同激发波长下基于荧光强度和颜色变化的双信息加密方面具有很好的应用前景。

7.6.2　室温磷光（RTP）

2023 年，杨（Yang）等人报道了新型无定形多元醇中氢键诱导形成氧簇所带来的长寿命 RTP 特性。如图 7–6（b），该非传统发光材料体系中仅含有氧原子和 σ 电子，在没有结晶的情况下，它们通过强烈的氢键相互作用和氧原子的 *n–n* 相互作用，在室温下实现了约 12% 的荧光 QY 和磷光（τ_p = 89 ms）。通过引入离子键和氢键，实现了聚苯乙烯 -α- 马来酸酐水解物的荧光和长寿命 RTP 双发射。但是值得注意的是，强氢键体系容易遇到溶解度差的问题，过度的交联不利于获得良好的溶解度。

2022 年，林（Lin）等人以不同的硅氧烷为原料，采用低温溶液法制备了一系列非共轭聚硅氧烷纳米材料。由于末端氨基或尿素基团与二氧化硅结合，并与未交联的羟基结合形成合适的空间团簇。因此，当关闭紫外灯后，材料仍可分别发出明亮的蓝色和绿色余辉。当将有机羰基化合物掺杂到聚合物团簇中时，纳米氨基材料的 QY 达到 30.2%，产生寿命为 120 ms 的蓝绿色余辉，余辉波段为 380 ~ 753 nm。具有不同电子供体 / 受体能力的羧酸基和内酰胺基的多种非芳香供体 – 受体结构，结合短接触、聚集和有效的 TSCT，以上因素共同抑制非辐射跃迁，导致能隙减少和系间跨越（ISC）的概率增加，并且最终在 600 nm 处作用呈现强烈的橙红色 RTP，τ_p = 41 ms。

基于非传统发光材料的发光水凝胶 / 有机凝胶仍然很少见，其力学性能在很大程度上还是未知的，尽管它们为软材料的开发和应用提供了巨大的潜力。

王（Wang）等人以非芳香族聚合物为基础，制备了具有 RTP 发射的高强度水凝胶。制备方法如图 7–6（c）所示。聚乙烯醇（PVA）/ 聚马来酸钙（CMPA）/ PMACa–DS 水凝胶具有优异的力学性能和较高的拉伸强度。在 312 ~ 400 nm 光激发下，观察到由蓝色到黄绿色的多色磷光，最大磷光寿命为 13.4 ms。2024 年，布莱斯（Bryce）等人合成了一种骨架中含有环丙基硼酸单元的聚氨酯衍生物，PUs 具有分子量依赖性的多色团簇发光［图 7–6（d）］。其中 PUY 具有 RTP（τ_p = 0.45 s），这也是迄今为止报道的纯线性非共轭聚合物中最长的寿命。

7.6.3　圆偏振光（CPL）

发射圆偏振光的非传统发光材料具有结构种类丰富、制造简单、热稳定性高、性能可调等特点。CPL 拓宽了非传统发光材料在手性识别传感器、非侵入性生物医学诊断和不对称合成催化剂等领域的应用。此外，圆偏振磷光（CPP）在 OLED 和加密显示器中有着特殊的应用。赵（Zhao）等人从聚合物链中具有轴向手性特征的分离发色团中实现了 CPP。之所以选择聚丙烯酸作为聚合物基质，是因为它的许多羧基有助于 ISC 过程产生三重激子，并通过建立一个有效固定荧光粉的刚性网络来减少非辐射跃迁。从（R）–PNA 和（S）–PNA 的溴化衍生物的薄膜获得圆偏振荧光和磷光双发射，而（R）–PNA 和（S）–PNA 薄膜具有持续约 6 s 的黄色余辉［图 7–6（e）］。陈（Chen）等人使用天然存在的手性辛可宁与丙烯酰胺共聚，并通过在水中溶解和热蒸发进行聚集调节，以从非共轭共聚物 PAMCD 及其对映体 PAMCN 获得高质量的 CPP 余辉［图 7–6（f）］。此外，激发依赖的加密和可逆的防伪装置的高稳定性得到了证明。

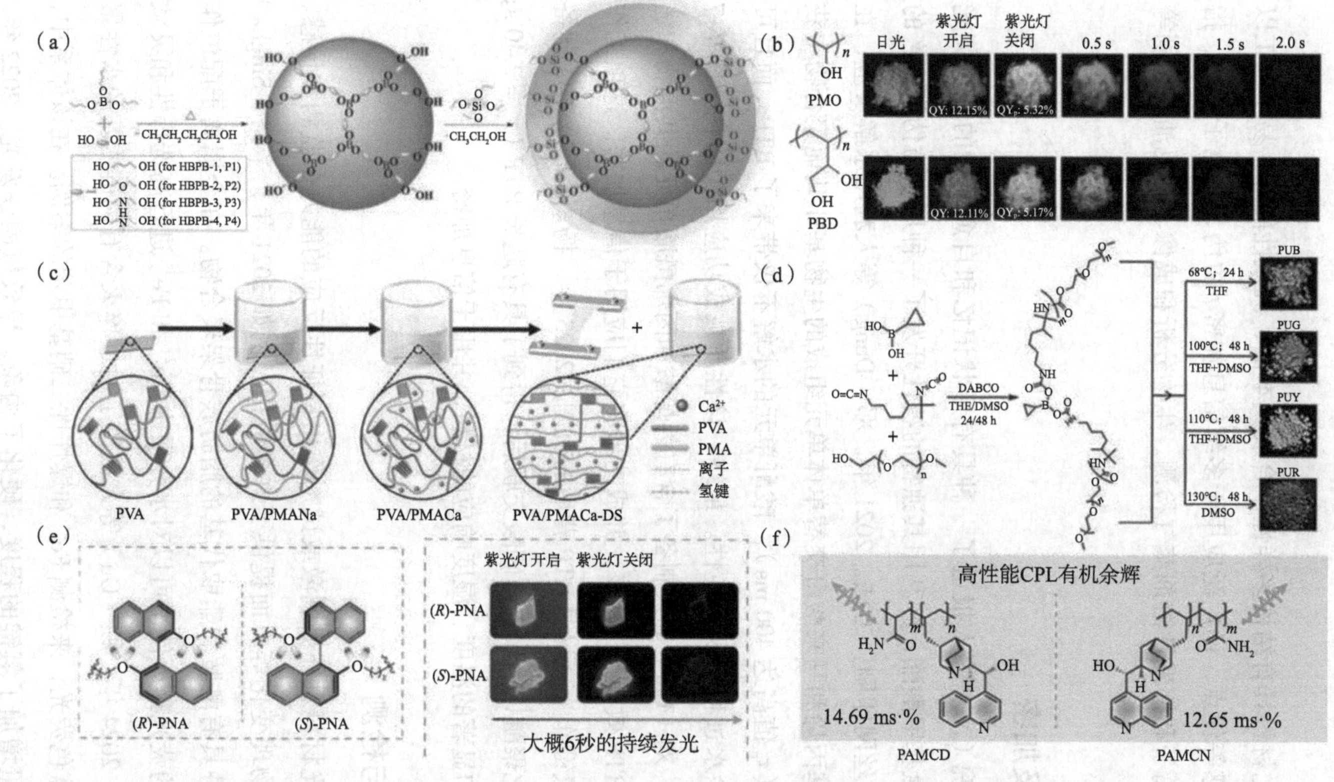

（a）超支化聚硼硅氧烷的合成路线；（b）在白天，停止 365 nm 紫外线照射之前和之后拍摄的 PMO 和 PBD 的分子结构和照片；（c）PVA，PVA/PMANa，PVA/PMACa 和 PVA/PMACa-DS 水凝胶中制备过程和物理相互作用的示意图；（d）在 365 nm 光照下聚氨酯的合成及相应粉末样品的照片；（e）（*R*）-PNA 和（*S*）-PNA 的分子结构；在 254 nm 灯打开和关闭下拍摄的（*R*）-PNA 和（*S*）-PNA 薄膜的照片；（f）PAMCD 和 PAMCN 的分子结构和 FM 值（$FM = \tau_{PL} \times PLQY \times |g_{lum}|$）

图 7-6　非传统发光材料的 RTP 和 CPL

7.7 应用

非传统发光材料具有结构多样性、合成成本低、机械性能好、易于加工以及对微环境敏感等优点，已广泛应用于多维信息加密 / 防伪、光电子器件、指纹识别、金属离子和挥发性溶剂蒸气检测、生物分析和成像、多色油墨印刷等领域。

7.7.1 防伪及加密

2020 年，倪（Ni）等人报道了一种具有形状记忆和自愈性能的蓝色荧光脂肪族聚羟基氨基甲酸酯，并利用其独特的特性开发了一种用于防伪纸生产的“光介导无油墨丝网印刷”方法。2021 年，邓（Deng）等人利用水解反应，在由二甲氧基苯基丙烯和马来酸酐交替单体单元组成的生物基非共轭聚合物中获得了超长 RTP（τ_p 值高达 400 ms）。酸酐单元的水解不仅带来了 RTP，而且可以通过吸收 / 除水过程实现可逆性。最终，该性质被成功应用于防伪［图 7–7（a）］。2021 年，刘（Liu）等人制备了含有丙烯酸和丙烯酰胺单元的共混物和随机共聚物，其 RTP 效率为 12.0%，并成功地将它们应用于信息加密。这项工作强调了分子间氢键作为高耐湿 RTP 背后的机制。2023 年，杨（Yang）等人制备了酰胺端超支化聚醚，该聚醚与硼酸交联后，得到了具有超长 RTP（τ_p = 2.40 s；QY = 24.6%）和显著的温度、湿度响应的材料，并用于信息加密。

7.7.2 传感与检测

非传统发光材料对外界刺激或试剂作出特征性反应的能力在监测和传感、可视化、检测物理变化等方面提供了许多应用。例如 2021 年，辛格（Singha）等人合成了两种具有酰胺和酯取代基的脂肪族骨架聚合物。在金属离子配位作用下，聚合物的荧光猝灭使得可以对水介质中 Cu^{2+} 和 Fe^{3+} 进行高选择性和灵敏的检测和去除。2024 年，顾（Gu）等人报道了通过猝灭含有侧链羧基的水性聚氨酯衍生物的蓝色荧光，来检测 Fe^{3+} 和爆炸性二硝基甲苯的案例。在该体系中，较高的羧基含量增加了氢键的程度，硬化了构象，导致氧团簇发光。2022 年，秦（Qin）等人制备了一系列生物基糠醛聚酰胺，并通过荧光猝灭效应证明它们可以作为探针，用于选择性识别水溶液中的 Fe^{2+} 和 Fe^{3+}。与其他金属离子相比，这种特异性识别具有较高的灵敏度。2023 年，韩（Han）等人利用牛血清白蛋白作为天然蛋白质簇荧光探针，实现了对必需微量营养素抗坏血酸（维生素 C）的简单、快速、灵敏、有效和选择性的检测。2022 年，张（Zhang）等人利用非共轭聚马来酰亚胺（PM）对蛋白质和氨基酸进行指纹图谱检测。由于非传统发光材料的发光特性与分子尺度的运动和聚集状态密切相关，可以作为高效的荧光探测器来观察聚合 / 发射过程。例如，2024 年，乔（Qiao）等人将硫辛酸引入到聚马来酸酐 – 醋酸乙烯酯侧链中，通过在碱性溶液中挥发溶剂，最终获得具有自愈合和可再加工性能的动态交联膜。随后，依赖于团簇发光对聚集距离的依赖性，通过不同湿度下羧酸钠基团的吸水 – 损失平衡改变聚集距离，在团簇发光中实现了湿度响应的发射波长（534 ~ 508 nm）。

7.7.3　裂纹检测与自愈合

2020 年，张（Zhang）等人设计了一种机械强度高、抗穿刺的超支化聚氨酯（HPDU）弹性体，并加入了重氮烷基脲单元，以提高其机械性能。利用 HPDU 薄膜固有的蓝色荧光，能够实现用紫外线笔识别裂缝。在 HPDU 薄膜中，聚合物链的热诱导扩散和氢键相互作用的共同作用下，被切割的薄膜在 90℃下发生自愈合，并且这个过程可以通过发射强度的逐渐降低来监测［图 7–7（c）］。低成本的裂纹诊断和自愈合的结合对于聚合物的长期应用非常重要。2023 年，杨（Yang）等人利用氢键对水的敏感性，将交联的非传统发光材料封装在环氧树脂中，用于基于磷光行为的裂纹检测。与传统的检测方法相比，该方法大大简化了检测过程，减少了目前主流检测技术带来的技术障碍。

7.7.4　生物分析与成像

非传统发光材料的优良生物相容性使其在生物医学领域，如细胞成像、生物活性剂的制备和持续释放以及生物传感器等方面具有巨大潜力。例如，2023 年，张（Zhang）等人探索了蛋清溶菌酶和牛血清白蛋白的簇发光特征，并将簇发光应用于对蛋白质聚集过程的简单监测，这是许多人类疾病的关键标志物[图7–7（d）]。2020年，德（De）等人开发了一种基于热辅助的AIE活性的生物相容性荧光温度计，用于乳腺癌细胞（MCF–7）中的细胞内温度成像的非共轭聚乙烯基己内酰胺（PNVCL）。PNVCL的关键特征是在水介质中，由于螺旋到球状的构象转变，其临界溶液温度低于37.5℃时发出明亮的蓝光。这种对微小温度变化的检测能力，对于疾病的早期诊断和治疗以及局部高热的监测具有重要意义。2022年，辛格（Singha）等人报道了含有多个原位附着以诱导AIE的悬浮二级酰胺基的脂肪族本质荧光三聚体。这些三聚体在多种应用中得到了验证，例如Cr（Ⅲ）离子的选择性传感（它具有许多重要的细胞功能）和人骨肉瘤细胞的体外成像。2020年，金（Kim）等人使用肿瘤细胞中高度表达的MDM2蛋白与非共轭的螺旋聚合物结合，同时实现了非传统发光和限制肿瘤

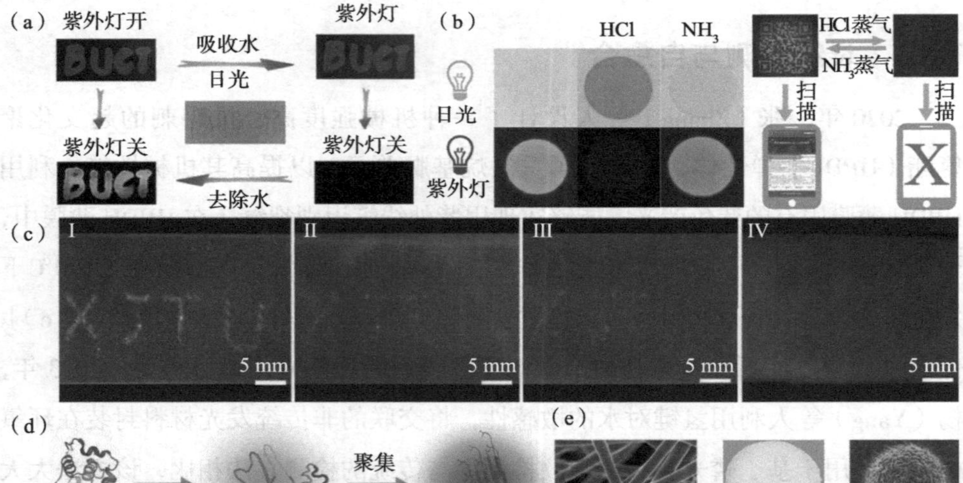

（a）字母组“BUCT”使用非传统发光材料作为墨水在日光下，365 nm紫外灯开和紫外灯关下的照片；（b）PDMATPM在酸（HCl蒸气）/碱（NH_3蒸气）上的数码照片（在日光和紫外线灯下365 nm），基于HCl和NH_3蒸气的发光加密和解密的二维码照片；（c）在90℃下，HPDU膜表面的XJTU状裂纹可愈合，（Ⅰ）0 h，（Ⅱ）3 h，（Ⅲ）6 h，（Ⅳ）12 h；（d）非传统发光材料监测的蛋白质聚集过程示意图；（e）聚氯乙烯纤维、微球和海绵的形貌

图7–7　非传统发光材料的应用

抑制蛋白（p53）与 MDM2 蛋白的结合。这种结合释放并激活了 p53，从而实现了靶向诊断和体外诱导肿瘤细胞凋亡，而在非癌细胞中没有观察到明显的细胞毒性。2022 年，丁（Ding）等人在体内和体外研究了具有 AIE 特征的肽模拟聚脲衍生物在构象辅助变形、变色以及细胞内药物传递方面的有效癌症治疗作用。2023 年，邓（Deng）等人合成了一系列含有悬浮吗啉基团的聚酰胺衍生物（PAM），用于聚合诱导发射，并将其应用于靶标成像跟踪器及溶酶体中 Fe^{3+} 浓度变化的实时监测。

7.7.5　照明与光电显示

具有可拉伸显示器的电子材料和器件目前是一个热门话题。拉伸具有一维 π 共轭链的传统发光聚合物通常会导致电荷输运效率降低，从而影响器件的整体性能。然而，具有良好链柔性的聚合物共混物在光电子器件领域具有突出的潜力。例如，2022 年，刘（Liu）等人开发了一种自组装的三维渗透纳米网络，它由高分子量的聚对苯乙烯（L-SY-PPV）和聚丙烯腈组成，以提高拉伸能力和迁移率。具有 40% 拉伸有机层的电致发光器件电流效率为 8.13 cd A^{-1}，外量子效率（EQE）为 2.64%。在一项单独的研究中，PPV 衍生物与聚苯乙烯 – 嵌段 – 聚丁二烯 – 嵌段 – 聚苯乙烯弹性体混合，使得其在拉伸 60% 的初始长度时，仍保持 50% 的最大亮度。应该指出的是，在上述两个例子中，发射完全来自 PPV 组件。2023 年，张（Zhang）等人用聚环碳酸酯制备了具有团簇发光的静电纺丝纤维、电喷雾微球和海绵，发光来源于氧原子的分子内和分子间 TSI［图 7-7（e）］。2023 年，乔（Qiao）等人采用聚甲基乙烯基醚衍生物制备了新型农业薄膜，该薄膜能将紫外线和部分绿光转化为蓝光（400 ~ 500 nm）或红光（600 ~ 700 nm），从而提高光合作用效率，增加作物产量。

参考文献

［1］DEL MERCATO L L，POMPA P P，MARUCCIO G，et al. Charge transport and intrinsic fluorescence in amyloid-like fibrils［J］. Proceedings of the National Academy of Sciences of the United States of America，2007，104（46）：18019–18024.

[2] ZHU S，SONG Y，SHAO J，et al. Non–conjugated polymer dots with crosslink–enhanced emission in the absence of fluorophore units [J]. Angewandte Chemie International Edition，2015，54（49）：14626–14637.

[3] CHU B，LIU X，XIONG Z，et al. Near–infrared clusteroluminescence in amine–capped polyesters [EB/OL]. ChemRxiv，2023.

[4] ZHANG H，TANG B Z. Through–space interactions in clusteroluminescence [J]. JACS Au，2021，1（11）：1805–1814.

[5] ZHANG H，ZHAO Z，MCGONIGAL P R，et al. Clusterization–triggered emission：uncommon luminescence from common materials [J]. Materials Today，2020，32：275–292.

[6] DU L L，JIANG B L，CHEN X H，et al. Clustering–triggered emission of cellulose and its derivatives [J]. Chinese Journal of Polymer Science，2019，37（5）：409–415.

[7] JI X，TIAN W G，JIN K F，et al. Anionic polymerization of nonaromatic maleimide to achieve full–color nonconventional luminescence [J]. Nature Communications，2022，13：3717.

[8] LIN Y，GAO J W，LIU H W，et al. Synthesis and characterization of hyperbranched poly(ether amide)s with thermoresponsive property and unexpected strong blue photoluminescence [J]. Macromolecules，2009，42（9）：3237–3246.

[9] LIAO P，HUANG J，YAN Y，et al. Clusterization–triggered emission（CTE）：one for all，all for one [J]. Materials Chemistry Frontiers，2021，5（18）：6693–6717.

[10] GUO L，YAN L，HE Y，et al. Hyperbranched polyborate：a non–conjugated fluorescent polymer with unanticipated high quantum yield and multicolor emission [J]. Angewandte Chemie International Edition，2022，61（32）：e202204383.

[11] WANG Z A，ZOU X H，XIE Y，et al. Nonconjugated radical polymer with stable red luminescence in the solid state [J]. Materials Horizons，2022，9（10）：2564–2571.

[12] ZHU S，ZHANG J，TANG S，et al. Surface chemistry routes to modulate the photoluminescence of graphene quantum dots：from fluorescence mechanism to up–conversion bioimaging applications [J]. Advanced Functional Materials，2012，22（22）：4732–4740.

[13] YAMAGUCHI Y，MATSUBARA Y，OCHI T，et al. How the π conjugation length affects the fluorescence emission efficiency [J]. Journal of the American Chemical Society，2008，130（42）：13867–13869.

[14] YU H，LI J，LI S，et al. Efficient intermolecular charge transport in π–stacked pyridinium dimers using cucurbit [8] uril supramolecular complexes [J]. Journal of the American Chemical Society，2022，144（7）：3162–3173.

[15] XU S，DUAN Y，LIU B. Precise molecular design for high-performance luminogens with aggregation-induced emission [J]. Advanced Materials，2020，32 (1)：1903530.

[16] ZHANG Z，XIONG Z，CHU B，et al. Manipulation of clusteroluminescence in carbonyl-based aliphatic polymers [J]. Aggregate，2022，3 (5)：e278.

[17] XIN Y，ZHU Y，CHI R，et al. Phosphine-oxide-balanced intra- and interchain through-space charge transfer in thermally activated delayed fluorescence polymers：beyond 30% external quantum efficiency [J]. Advanced Materials，2023，35 (32)：2304103.

[18] ZHANG Z，ZHANG J，XIONG Z，et al. NIR clusteroluminescence of non-conjugated phenolic resins enabled by through-space interactions [J]. Angewandte Chemie International Edition，2023，62 (25)：e202306762.

[19] WANG Y L，CHEN K，LI H R，et al. Hydrogen bonding-induced oxygen clusters and long-lived room temperature phosphorescence from amorphous polyols [J]. Chinese Chemical Letters，2023，34 (3)：107684.

[20] CHEN K，WANG L，CHU B，et al. Long-lived room temperature phosphorescence from amorphous non-traditional intrinsic clusteroluminescence polymers [J]. Journal of Materials Chemistry C，2022，10 (44)：16420-16429.

[21] ZUO Y，YANG H，WANG K，et al. Nonconjugated hyperbranched polyether emitting ultralong room temperature phosphorescence with tunable emission and afterglow [J]. Macromolecules，2023，56 (15)：5854-5864.

[22] TANI Y，YONENUMA R，MORI H. Clusterization-triggered emission of poly (vinyl amine)-based ampholytic block and random copolymers [J]. Reactive and Functional Polymers，2023，184：105518.

[23] SHANG C，ZHAO Y X，LONG J Y，et al. Orange-red and white-emitting nonconventional luminescent polymers containing cyclic acid anhydride and lactam groups [J]. Journal of Materials Chemistry C，2020，8 (3)：1017-1024.

[24] CHU B，ZHANG H，HU L，et al. Altering chain flexibility of aliphatic polyesters for yellow-green clusteroluminescence in 38% quantum yield [J]. Angewandte Chemie International Edition，2022，61 (5)：e202114117.

[25] ZHANG X M，BAI Y H，DENG J W，et al. Effects of nonaromatic through-bond conjugation and through-space conjugation on the photoluminescence of nontraditional luminogens [J]. Aggregate，2024，5 (1)：e517.

[26] ZHANG Z，YAN W，DANG D，et al. The role of amide (n,π*) transitions in polypeptide clusteroluminescence [J]. Cell Reports Physical Science，2022，3：100716.

[27] ZHANG Z，ZHANG Z，ZHANG H，et al. The mysterious blue emission around 440 nm in carbonyl-based aliphatic clusteroluminogens [J]. Journal of Polymer Science，2022，60 (15)：2127-2135.

[28] LU H, XIE Y, ZHANG Z, et al. Emerging clusteroluminescence from complexes between carbonyl-based polymers and organic base [J]. Chinese Journal of Chemistry, 2023, 41 (24): 3012-3018.

[29] LIU K, HAN P, YU S, et al. Hydrogen-bonding-induced clusteroluminescence and UCST-type thermoresponsiveness of nonconjugated copolymers [J]. Macromolecules, 2022, 55 (19): 8599-8608.

[30] CHEN Y J, PU M Q, WU L T, et al. Nucleophilic substitution polymerization-induced emission of 1,3-dicarbonyl compounds as a versatile approach for aggregation-induced emission type non-traditional intrinsic luminescence [J]. Chinese Journal of Chemistry, 2023, 41 (14): 1705-1712.

[31] VALLAN L, BUI A T, JONUSAUSKAS G, et al. Multicolor photoluminescence from nonconjugated poly (3,4-dihydropyran) nanoparticles [J]. Macromolecules, 2023, 56 (12): 4541-4549.

[32] BAI L, LIU X, YAN H, et al. Regulation of nontraditional intrinsic luminescence (NTIL) in hyperbranched polysiloxanes by adjusting alkane chain lengths: Mechanism, film fabrication, and chemical sensing [J]. Langmuir, 2023, 39: 12053-12062.

[33] SHAO S, WANG L. Through-space charge transfer polymers for solution processed organic light-emitting diodes [J]. Aggregate, 2020, 1: 45-56.

[34] SAKHNO T V, SAKHNO Y E, KUCHMIY S Y. Clusteroluminescence of unconjugated polymers: A review [J]. Theoretical and Experimental Chemistry, 2023, 59: 75-106.

[35] DENG J, JIA H, XIE W, et al. Nontraditional organic/polymeric luminogens with red-shifted fluorescence emissions [J]. Macromolecular Chemistry and Physics, 2022, 223 (12): 2100425.

[36] LUO Y, YU G, LIU F, et al. Structure-dependent nontraditional intrinsic fluorescence of aliphatic hyperbranched polyureas [J]. Bioconjugate Chemistry, 2022, 33 (7): 1319-1327.

[37] CHU B, ZHANG H, CHEN K, et al. Aliphatic polyesters with white-light clusteroluminescence [J]. Journal of the American Chemical Society, 2022, 144 (34): 15286-15294.

[38] ZHAO Y, LONG P, ZHUANG P, et al. Transforming polyethylene and polypropylene into nontraditional fluorescent polymers by thermal oxidation [J]. Journal of Materials Chemistry C, 2022, 10 (4): 1010-1016.

[39] ZHAO Y, XIE W, DENG J, et al. A gas-thermal method as a universal and convenient strategy for preparing non-traditional luminescent polymers with enhanced and red-shifted fluorescence [J]. New Journal of Chemistry, 2023, 47: 15005-15009.

[40] CHEN X, HU C, WANG Y, et al. Tunable red clusteroluminescence polymers prepared by a simple heating process [J]. ACS Applied Materials & Interfaces, 2023, 15 (19): 23824-

23833.
[41] JIANG N, LI K X, XIE W, et al. Multicolor luminescence of a polyurethane derivative driven by heat/light-induced aggregation [J]. Macromolecules, 2023, 56 (19): 7721-7728.
[42] WANG S, WU D, YANG S, et al. Regulation of clusterization-triggered phosphorescence from a non-conjugated amorphous polymer: A platform for colorful afterglow [J]. Materials Chemistry Frontiers, 2020, 4 (4): 1198-1205.
[43] SHI C, HE D, WANG B, et al. A dynamic supramolecular H-bonding network with orthogonally tunable clusteroluminescence [J]. Angewandte Chemie International Edition, 2023, 62 (15): e202214422.
[44] YANG T, ZHOU J, SHAN B, et al. Hydrated hydroxide complex dominates the AIE properties of nonconjugated polymeric luminophores [J]. Macromolecular Rapid Communications, 2022, 43 (14): 2100720.
[45] XIE Y, LIU D, ZHANG H, et al. Clusteroluminescence in maleimide: From well-known phenomenon to unknown mechanism [EB/OL]. ChemRxiv, 2024.
[46] SONG B, ZHANG J, ZHOU J, et al. Facile conversion of water to functional molecules and cross-linked polymeric films with efficient clusteroluminescence [J]. Nature Communications, 2023, 14: 3115.
[47] LI Q, TANG Y, HU W, et al. Fluorescence of nonaromatic organic systems and room temperature phosphorescence of organic luminogens: The intrinsic principle and recent progress [J]. Small, 2018, 14 (34): 1801560.
[48] HE Y, FENG W, QIAO Y, et al. Hyperbranched polyborosiloxanes: Non-traditional luminescent polymers with red delayed fluorescence [J]. Angewandte Chemie International Edition, 2023, 62 (32): e202312571.
[49] HU J, LI Q, WANG X, et al. Developing through-space charge transfer polymers as a general approach to realize full-color and white emission with thermally activated delayed fluorescence [J]. Angewandte Chemie International Edition, 2019, 58 (25): 8405-8409.
[50] LONG Y, CHEN X, WU H, et al. Rigid polyimides with thermally activated delayed fluorescence for polymer light-emitting diodes with high external quantum efficiency up to 21% [J]. Angewandte Chemie International Edition, 2021, 60 (14): 7220-7226.
[51] WANG S, WANG X, FENG S, et al. Cluster-luminescent polysiloxane nanomaterials: Adjustable full-color ultralong room temperature phosphorescence and a highly sensitive response to silver ions [J]. Inorganic Chemistry Frontiers, 2022, 9 (14): 3619-3626.
[52] DENG J, BAI Y, LI J, et al. Yellow and orange-red room-temperature phosphorescence from amorphous nonaromatic polymers [J]. Advanced Optical Materials, 2023, 11 (15): 2300715.
[53] DENG J, LIU H, LIU D, et al. Room-temperature phosphorescent tough hydrogels based on

ionically crosslinked nonaromatic polymers[J]. Advanced Functional Materials, 2023, 33(32): 2308420.
[54] JIANG N, LI K X, WANG J J, et al. Cluster-induced aggregation in polyurethane derivatives with multicolour emission and ultra-long organic room temperature phosphorescence [J]. Journal of Materials Chemistry C, 2024.
[55] LIAO P, ZANG S, WU T, et al. Generating circularly polarized luminescence from clusterization-triggered emission using solid phase molecular self-assembly [J]. Nature Communications, 2021, 12: 5496.
[56] WANG X, MA S, ZHAO B, et al. Frontiers in circularly polarized phosphorescent materials [J]. Advanced Functional Materials, 2023, 33 (25): 2214364.
[57] GU L, YE W, LIANG X, et al. Circularly polarized organic room temperature phosphorescence from amorphous copolymers [J]. Journal of the American Chemical Society, 2021, 143 (44): 18527-18535.
[58] ZHANG L, JIN Y, WANG Y, et al. High-quality circularly polarized organic afterglow from nonconjugated amorphous chiral copolymers [J]. ACS Applied Materials & Interfaces, 2023, 15 (44): 49623-49632.
[59] WANG H, LAN S, ZHANG Y, et al. Unique property of nontraditional intrinsic luminescence in the transforming of solution-hydrogel-solid and its applications [J]. Macromolecular Chemistry and Physics, 2021, 222 (10): 2100070.
[60] YAN X, WEI M, MIAO X, et al. Amide cluster induced and hydrogen bonding regulated luminescence of linear aliphatic polyamide 1212 with a long alkane chain [J]. Polymer Chemistry, 2023, 14 (5): 573-586.
[61] LI D, SUN Y, ZHANG W, et al. Tailoring hydrogen-bonding strategy for sequence-dependent and thermo/ph dual-responsive clusteroluminescence [J]. Chemistry - A European Journal, 2023, 29 (34): e202300526.
[62] LU H, FENG L, LI S, et al. Unexpected strong blue photoluminescence produced from the aggregation of unconventional chromophores in novel siloxane-poly(amidoamine) dendrimers [J]. Macromolecules, 2015, 48 (3): 476-482.
[63] FENG Z, ZHAO W, LIANG Z, et al. A new kind of nonconventional luminogen based on aliphatic polyhydroxyurethane and its potential application in ink-free anticounterfeiting printing [J]. ACS Applied Materials & Interfaces, 2020, 12 (9): 11005-11015.
[64] ZHAO B, YANG S, YONG X, et al. Hydrolyzation-triggered ultralong room-temperature phosphorescence in biobased nonconjugated polymers [J]. ACS Applied Materials & Interfaces, 2021, 13 (50): 59320-59328.
[65] MENG Y, GUO S, JIANG B, et al. Boosting the humidity resistance of nonconventional luminogens with room temperature phosphorescence via enhancing the strength of hydrogen bonds

[J]. Journal of Materials Chemistry C, 2021, 9 (28): 8515–8523.

[66] DUTTA A, MAHAPATRA M, MITRA M, et al. Nonconventional biocompatible macromolecular AEE gens for sensitive detections and removals of Cu (II) and Fe (III): N and/or O donor (s) selective coordinations of metal ions [J]. Sensors and Actuators B: Chemical, 2021, 331: 129386.

[67] XIAO X, ZHOU S, GU L. Clusterization–triggered emission of waterborne polyurethane: the role of carboxyl groups [J]. Macromolecules, 2024, 57 (1): 88–97.

[68] WANG X, LIU C, XING Z, et al. Furfural–based polyamides with tunable fluorescence properties via Ugi multicomponent polymerization [J]. Macromolecules, 2022, 55 (19): 8857–8865.

[69] SONG J, GUO X, CHEN H, et al. Ascorbic acid–caused quenching effect of protein clusteroluminescence probe: the fast fluorescent detection of ascorbic acid in vegetables [J]. Molecules, 2023, 28 (5): 2162.

[70] CHEN X, HU C, WANG Y, et al. A self–assemble supramolecular film with humidity visualization enabled by clusteroluminescence [J]. Advanced Science, 2024, 11 (3): 2304946.

[71] CHEN X, ZHONG Q, CUI C, et al. Extremely tough, puncture–resistant, transparent, and photoluminescent polyurethane elastomers for crack self–diagnosis and healing tracking [J]. ACS Applied Materials & Interfaces, 2020, 12 (27): 30847–30855.

[72] GAO L, HUANG J, QU L, et al. Stepwise taming of triplet excitons via multiple confinements in intrinsic polymers for long–lived room–temperature phosphorescence [J]. Nature Communications, 2023, 14: 7252.

[73] ZHANG Z, ZHU L, FENG J, et al. In situ monitoring of protein aggregation via clusteroluminescence [J]. Materials Chemistry Frontiers, 2023, 7 (4): 713–719.

[74] SAHA B, RUIDAS B, METE S, et al. AIE–active non–conjugated poly (N–vinylcaprolactam) as a fluorescent thermometer for intracellular temperature imaging [J]. Chemical Science, 2020, 11 (1): 141–147.

[75] DUTTA A, MAHAPATRA M, DEB M, et al. Fluorescent terpolymers using two non–emissive monomers for Cr (III) sensors, removal, and bio–imaging [J]. ACS Biomaterials Science & Engineering, 2020, 6 (3): 1397–1407.

[76] LIU P, FU W, VERWILST P, et al. MDM2–associated clusterization–triggered emission and apoptosis induction effectuated by a theranostic spiropolymer [J]. Angewandte Chemie International Edition, 2020, 59 (22): 8435–8439.

[77] ZHOU Y, FAN F, ZHAO J, et al. Intrinsically fluorescent polyureas toward conformation–assisted metamorphosis, discoloration and intracellular drug delivery [J]. Nature Communications, 2022, 13: 4551.

[78] MENG X, HAO T, ZHANG D, et al. Polymerization–induced emission (PIE) of

multifunctional polyamides synthesized by Ugi polymerization and targeted imaging of lysosomes [J]. Journal of Materials Chemistry B, 2023, 11 (12): 2714-2726.

[79] LEE Y, CHO H, YOON H, et al. Advancements in electronic materials and devices for stretchable displays [J]. Advanced Materials Technologies, 2023, 8 (5): 2201067.

[80] LIU Y, ZHU M, SUN J, et al. A self-assembled 3D penetrating nanonetwork for high-performance intrinsically stretchable polymer light-emitting diodes [J]. Advanced Materials, 2022, 34 (36): 2201844.

[81] JEON K H, PARK J W. Light-emitting polymer blended with elastomers for stretchable polymer light-emitting diodes [J]. Macromolecules, 2022, 55 (18): 8311-8320.

[82] LIU B, HUANG G, LU H, et al. Polymerization-induced clusteroluminescence of poly (cyclic carbonate) s [J]. Journal of Materials Chemistry C, 2023, 11 (35): 13142-13150.

[83] WU L T, LI D S, SHI Q X, et al. Barbier polymerization induced emission toward stimuli-responsive aggregation-induced emission type green non-traditional intrinsic luminescence [J]. Dyes and Pigments, 2023, 219: 111554.

第 8 章

总结与展望

非传统本征发光（non-traditional intrinsic luminescence，NTIL）材料是一类不依赖传统 π 共轭发色团的新型发光材料。与传统的共轭发光材料相比，其官能团（如氨基、酰胺基、羰基）与生物发色团（蛋白质的肽键、多糖的羟基）结构更匹配，因而展现出亲水性优良、细胞毒性低、环境友好、链段柔韧性佳等特性。此外，NTIL 合成成本可控、可加工性优异，在药物精准递送、光电器件微型化、生物活体成像等领域具备广阔应用前景。在国内外科研团队的持续探索下，NTIL 的分子设计策略与光物理性质基础认知已取得显著突破，但距离构建完整的非传统发光光物理理论体系仍存在差距。

近年来，诸如动态光散射、XPS、流变学测试以及高压联用荧光 / 红外光谱学、分子动力学模拟、瞬态吸收发射等多维度表征技术已被用于破译非传统发光材料的内在发射机制。与传统 AIE 材料（依赖抑制分子运动实现聚集发光）相比，NTIL 材料的发光机制更强调跨空间电子离域对发光的主导作用（而非单一依赖分子运动抑制）。这种跨空间电子离域，本质是电子云通过分子聚集（含构象固化）等协同作用，发生跨空间电子共轭作用（through-space conjugation，TSC）。可通俗类比：跨空间电子离域可类比为“多人手拉手形成电子云共享网络”，电子云通过弱相互作用实现跨空间共轭；而传统价键共轭（through-bond conjugation，TBC）的电子传递，更像单人沿固定路线传递信号—— 前者不依赖传统连续共价键的“固定路线”共轭，而是通过分子聚集产生的弱相互作用（如氢键、π-π 堆积），实现电子云跨空间重叠，这正是 NTIL 与传统共轭发光材料电子行为的核心区别。当前研究还揭示：NTIL 的光物理特性不局限于特定聚集态或构象，而是依赖于发色团间多样化相互作用（如氢键、配位键、电荷转移等），体现出显著的异质性与复杂性，为材料性能调控提供了丰富维度。

未来，非传统发光材料的研究重点应集中在以下几个方面。

（1）非传统发色团的协同设计：利用含杂原子不饱和键的结构单元，通过协同组合、功能集成，开发多功能 NTIL 材料（如生物兼容型诊疗试剂、智能响应型传感器）。

（2）机制研究深化：结合简化模型（如小分子模拟体系）与先进计算技术（多尺度分子动力学模拟），深入解析“分子结构 – 聚集态 – 发光行为”的定量关系，完善光物理理论。

（3）智能应用拓展：开发基于 NTIL 的智能响应体系（如 pH/ 温度响应发光、应力触发变色），拓展在生物医学（精准药物控释）、信息安全（加密防伪）等领域的应用。

（4）构效关系精准化：建立分子结构与 NTIL 固有发光行为的明确关联，为材料定向设计提供理论支撑。

（5）特色性能开发：探索圆偏振发光（CPL）、超长寿命室温磷光（RTP）等特色性能的 NTIL，拓展在手性光学、低功耗显示等领域的应用。

（6）绿色制备突破：开发简单可控、环境友好的 NTIL 制备方法，推动产业化进程。

（7）多色发光调控：实现荧光 / 长寿命室温磷光的颜色精准可调，满足复杂应用场景需求。